100 mitos
de la ciencia

• *Colección Cien* × 100 – 3 •

100 mitos
de la ciencia

Daniel Closa i Autet

Primera edición: enero de 2012
Segunda edición: septiembre de 2012

© Daniel Closa i Autet

© de la edición:
9 Grupo Editorial
Lectio Ediciones
C/ Muntaner, 200, ático 8ª – 08036 Barcelona
Tel. 977 60 25 91 – 93 363 08 23
lectio@lectio.es
www.lectio.es

Diseño y composición: Imatge-9, SL

Impresión: Romanyà-Valls, SA

ISBN: 978-84-15088-22-6

Depósito legal: T-912-2012

ÍNDICE

INTRODUCCIÓN

Según el diccionario, un mito es una "historia ficticia o personaje literario o artístico que condensa alguna realidad humana de significación universal". A lo largo de la historia los mitos nos han acompañado y nos han ayudado a creer que podíamos explicar fenómenos que no comprendíamos. Los truenos eran los golpes del martillo de un dios, el Sol era el carro de fuego de otro dios, o el mundo era una circunferencia que se sostenía sobre cuatro elefantes. En realidad no había ninguna prueba de lo que decía el mito, pero permitía explicar algo, todo el mundo lo repetía y al final se daba por cierto.

Pero poco a poco el conocimiento científico ha ido explicando la mayoría de fenómenos que antes se justificaban con un mito. Los dioses se quedaron sin trabajo, la magia se desvaneció y las leyendas quedaron reducidas a simples obras con un cierto valor literario. Podíamos explicar las cosas sin necesidad de recurrir a los mitos.

El problema es que se perdió un cierto encanto. Por una parte, nos gusta demasiado el misterio como para apartarlo definitivamente de nuestras vidas. Y, por otra parte, el instinto que tenemos los humanos de dar la razón a una autoridad sigue funcionando. Si antiguamente nunca se ponía en duda lo que decían los sacerdotes, en la actualidad hemos transferido parte de esta responsabilidad a la ciencia y hemos generado un montón de nuevos mitos.

Ahora parece que basta con decir que una cosa está "científicamente demostrada" para revestirla de la máxima autoridad. Pero, al igual que sucedía con los mitos clásicos, a menudo lo que se afirma en nombre de una supuesta ciencia simplemente son cosas que las dice todo el mundo pensando que son ciertas... ya que todos las dicen.

De estos mitos, más o menos relacionados con la ciencia, los hay de todo tipo. Relacionados con los animales, con la comida, con la salud o con nuestro cuerpo. También existen leyendas urbanas, fábulas alrededor de conspiraciones e incluso simples bromas que han ido demasiado lejos y han acabado arraigando. En este libro he intentado incluir mitos de todos los tipos. Desde los más aceptados y serios hasta los más anecdóticos o absurdos.

Al igual que en los mitos clásicos, los mitos modernos son fruto en parte del desconocimiento y en parte de nuestros propios deseos. Nos gustaría que quedase un poco de magia en el mundo y, por lo tanto, atribuimos propiedades místicas a la Luna o a los astros. Interpretamos el comportamiento de los animales desde nuestro punto de vista llegando a dar interpretaciones absurdas a comportamientos muy simples. Echamos de menos una vida sencilla, que en realidad nunca ha existido, y atribuimos unas supuestas propiedades saludables a cosas naturales y otras malignas a los productos artificiales.

Los mitos se mantienen a base de ser repetidos una y otra vez. Con Internet han aparecido nuevos mitos mientras que otros se han reforzado. Finalmente, algunos están tan incorporados al imaginario colectivo que ya aparecen en la publicidad o en las películas como si fueran indiscutibles verdades científicas.

Pero por muy interesantes e incluso divertidos que sean los mitos, hay que recordar que normalmente las cosas tienen una explicación que podemos conocer. Y es importante tener esto muy presente. Este conocimiento nos puede ayudar a saber si una comida realmente es más o menos saludable, o a no dejarnos engañar por la publicidad cuando nos ofrezcan productos con unas supuestas características que resultan imposibles.

Y, por supuesto, nunca hay que menospreciar el placer del conocimiento por sí mismo. Porque a menudo la realidad resulta ser más interesante que el propio mito.

MITOS SOBRE NUESTRO CUERPO

01 / 100

ÚNICAMENTE UTILIZAMOS
EL 10% DE NUESTRO CEREBRO

Este es uno de los mitos más conocidos, repetidos y aceptados, y a su vez uno de los más absurdos. Lo podemos encontrar en muchísimos anuncios de productos que nos ofrecen mejorar el rendimiento intelectual o personal. Además, el planteamiento resulta muy atractivo. Según dicen, si tenemos limitaciones es porque no aprovechamos todo nuestro potencial. Un potencial mental que parece fabuloso y que, por un módico precio, nos ayudan a desarrollar plenamente.

Pero, ante afirmaciones tan fantásticas, en ciencia tenemos la mala costumbre de preguntar quién lo ha demostrado y de qué manera lo hizo. Y aquí empiezan los problemas.

A menudo se leen frases que afirman que fue Einstein quien lo dijo. Puesto que él es el paradigma del sabio, ¿quiénes somos nosotros para poner en entredicho sus palabras? Pues podemos dudar sin problemas, porque Einstein era físico y por lo tanto sabía mucho de fuerzas, energías, gravitación y relatividad, pero no tenía unos conocimientos particularmente notables en temas de fisiología del cerebro.

En realidad, no hay ningún dato que indique que solo utilizamos el 10% de nuestro cerebro. De hecho, cuando se mide la actividad cerebral vemos que todas las zonas funcionan sin excepción e incluso cuando dormimos el cerebro es un órgano que no para. Esto se sabe desde el momento en que se empezó a medir la actividad eléctrica con electroencefalogramas.

Uno de los problemas es que no queda claro qué quiere decir exactamente el mito: ¿Que únicamente usamos una neurona de cada diez? ¿Que existen zonas inactivas en el cerebro esperando a que un chispazo las ponga en funcionamiento? ¿Que procesamos información a un ritmo mucho menor al que podríamos hacerlo? Realmente, nada de esto se observa cuando los neurólogos analizan la actividad cerebral.

También se podría decir que en un momento concreto tan solo usamos una parte del potencial del cerebro ya que muchas neuronas solo funcionan ocasionalmente. Pero esto de nuevo es una tontería. Prácticamente nunca estamos usando todos los músculos, o no estamos constantemente digiriendo, ni orinando, ni haciendo la mayoría de funciones fisiológicas. El cerebro, al igual que el resto del cuerpo, está preparado para hacer el trabajo necesario cuando haga falta y solo cuando haga falta. Pero, para conseguir esto, lo usamos todo.

Además, hay que tener presente que no solo nos sirve para pensar o sentir. Muchas funciones corporales dependen de la actividad del cerebro. Mantener la temperatura, los ritmos de sueño y vigilia, retener en la memoria lo que vamos haciendo en cada momento, controlar la secreción de muchas hormonas...

Nuestro cerebro es un sistema muy atareado, y en el momento en el que se produce una lesión cerebral nos damos cuenta de que nos hace falta en su totalidad y que no podemos prescindir de ninguna parte.

Y, pensándolo bien, sería un contrasentido que la evolución nos hubiera regalado un cerebro que aprovecháramos de una manera tan ridícula. El principal problema que tenemos los humanos a la hora del parto es justamente el tamaño de la cabeza, que es una consecuencia del gran tamaño del cerebro. Si no fuera necesario tanto cerebro para nuestras actividades, a buen seguro la selección natural habría elegido humanos con cerebros más pequeños. Simplemente morirían muchos menos niños y mujeres en el parto.

De todos modos, este mito seguirá con buena salud. La mayoría de los parapsicólogos, videntes y otros amantes de lo paranormal tienen en él una justificación excelente. De esta manera pueden decir que sus poderes los obtienen de aquel 90% de cerebro que el resto no usa y que ellos han aprendido a dominar.

Pero sobre todo se mantendrá porque a todos nos gustaría disponer de un potencial así. Reconforta pensar que un día podemos despertar con unas capacidades mentales sobrehumanas. Es una fantasía demasiado agradable como para dejarla escapar.

02 / 100

EN EL CEREBRO ADULTO YA NO SE GENERAN NUEVAS NEURONAS

Esta frase no es un mito cualquiera. Está escrita en mayúsculas en muchos libros de ciencia y durante muchos años se consideró una verdad definitiva. Pero el caso es que en ciencia nunca hay nada definitivo y este dogma, como otros muchos, acabó por caer a finales del siglo XX. Ahora ya sabemos que las neuronas pueden dividirse y multiplicarse, pero una idea repetida insistentemente durante tantos años no puede desvanecerse sin más.

La neurogénesis, la formación de las neuronas, se estudió muy intensamente y durante mucho tiempo. El problema fue que la mayoría de estudios se centraban en las neuronas que aparecían a medida que el sistema nervioso se iba desarrollando en el embrión y durante el crecimiento. De esta manera se descubrió que existían unas células madre que daban lugar a las neuronas. Unas neuronas que, una vez formadas, tenían que desplazarse hasta encontrar una localización particular para poder establecer conexiones con neuronas vecinas o enviar ramificaciones más o menos largas para contactar con neuronas más lejanas.

Pero todo parecía indicar que cuando el cerebro ya se había formado, cuando llegábamos a la edad adulta, ya no fabricábamos más neuronas. A partir de ese momento simplemente las íbamos perdiendo. Con los años estas células iban muriendo y se atribuía a esta lenta pero constante pérdida la disminución en las capacidades mentales que experimentamos al envejecer.

Además, cuando por algún motivo alguien sufría una pérdida importante de neuronas, ya fuera por una enfermedad o por un accidente, los médicos constataban que era muy difícil recuperar las funciones que se perdían. En algunas ocasiones se podía constatar una leve recuperación, pero esta parecía debida a que algunas de las neuronas que quedaban establecían nuevas conexiones para suplir las que habían desaparecido. En ningún caso parecía ser debido a la aparición de nuevas neuronas.

Esto era un problema, ya que el tratamiento de muchas enfermedades relacionadas con el cerebro requería de la capacidad de rehacer el tejido dañado; es decir, de disponer de nuevas células.

Las cosas parecían estar en punto muerto cuando empezaron a aparecer noticias de investigaciones que sugerían que en algunos reptiles podía darse la formación de nuevas neuronas en animales adultos. Y de los reptiles se pasó al cerebro humano. Poco a poco se fueron descubriendo áreas en donde se generaban nuevas neuronas a partir de células madre del cerebro. En el hipocampo, en la corteza cerebral y en otras zonas se ha determinado la existencia de este mecanismo que dio paso a un gran abanico de nuevas estrategias terapéuticas para las enfermedades del cerebro. Unas terapias que aún están lejos, pero que al menos hoy ya se consideran posibles.

Ahora tan solo nos hace falta comprender cómo podemos estimular la formación del tipo preciso de neuronas que nos interesen en cada caso. No serán las mismas para tratar el Parkinson que la esclerosis múltiple, el Alzheimer o las lesiones por traumatismos en la cabeza. A continuación habrá que conseguir que se genere la cantidad necesaria, que se desplacen hacia el lugar correcto, que establezcan las conexiones necesarias con otras neuronas muy concretas y que todo esto tenga lugar en el orden adecuado.

Parece imposible, pero no tiene por qué serlo. Podemos decir simplemente que es extremadamente complicado. Era antes, cuando creíamos que en el cerebro no se podían generar nuevas neuronas, que parecía imposible. ¡La realidad es que ahora las expectativas han mejorado mucho!

03 / 100

EL CABELLO Y LAS UÑAS SIGUEN CRECIENDO DESPUÉS DE HABER MUERTO

La afirmación que dice que el cabello y las uñas siguen creciendo después de haber muerto es una de las más clásicas relacionadas con cadáveres y muertos. Una de las cosas que se cuentan para asustar a los niños en las noches de tormenta y, de paso, impresionar a los adultos. Inmediatamente nos vienen a la mente imágenes pavorosas de esqueletos provistos de largas cabelleras y amenazantes uñas. Una imagen ciertamente espeluznante, pero que en realidad es falsa.

De entrada hay que tener presente que cuando el cuerpo muere, las células dejan de funcionar y esto también incluye a las células que dan lugar a las uñas y el cabello. Al final del trayecto vital la parada es completa y definitiva, también para las uñas y el cabello.

Entonces, ¿cómo se originó esta idea? Pues seguramente porque es cierto que los difuntos parecen tener las uñas y el cabello más largos de cómo los recordaban sus familiares. Tenía que ser muy impresionante exhumar un cuerpo y ver unas uñas exageradamente grandes o un cabello mucho más largo. Inevitablemente la imaginación se echaría a volar. ¿Seguro que estaba muerto? ¡Tal vez lo enterraron vivo! Una posibilidad espantosa. Pero el caso es que este fenómeno también se observó en algunos casos en los que la muerte estaba más allá de toda duda. Entonces, ¿cómo explicarlo? Parecía evidente que el cabello y las uñas habían seguido creciendo aun cuando el resto del cuerpo ya estaba completamente muerto.

Lo que sucede es que aunque habitualmente creemos tener claro el tamaño de las uñas en los dedos, en realidad no vemos la totalidad de la uña. En la raíz de la uña hay una parte que queda oculta por la piel mientras estamos vivos. Pero las cosas cambian después de la muerte. Cuando el metabolismo se detiene, el organismo experimenta una rápida e intensa pérdida de agua. Esta deshidratación hace que los tejidos del cuerpo se encojan y se retraigan. Esto conlleva que la parte de las uñas que normalmente no se ve acaba por quedar al descubierto y la uña completa, de la raíz a la punta, pasa a ser visible. En realidad las uñas no crecen tras la muerte. Simplemente queda visible una parte que habitualmente estaba oculta.

Y con el cabello sucede algo parecido. Tenemos la idea del tamaño del cabello en comparación con el tamaño de la cara o del resto del cuerpo. Si el cuerpo se encoge, las mejillas se deshinchan, la piel se estira y la forma de la cara queda limitada a poco más que la del esqueleto que hay debajo, el cabello parece "comparativamente" más largo.

En el fondo, el problema es que para hacer un cálculo aproximado de los tamaños siempre lo hacemos en función de un sistema de referencia. Pero, a veces, las referencias se modifican, nos engañan, y cuando hacemos las comparaciones sacamos conclusiones erróneas. Esto no pasa tan solo en ciencia sino que es una causa de error en muchos ámbitos de la vida. Filipo de Macedonia fue un extraordinario monarca de la antigüedad. Unificó su reino, lo hizo crecer, y de la nada lo convirtió en una gran potencia. Pero hoy en día muy pocos lo recuerdan. ¿Por qué? Pues porque su hijo fue Alejandro Magno y al lado de Alejandro, todo queda eclipsado. Incluso un gran rey como Filipo pasa desapercibido. Con un hijo más normalito, Filipo hubiera parecido un rey mucho más importante.

Veríamos el mundo de otro modo si pudiéramos tener percepciones más objetivas. Seguramente todo sería más exacto y quién sabe si nosotros mismos seríamos más justos. Pero no podemos cambiar las cosas. Los humanos somos como somos y estamos diseñados sobre todo para hacer comparaciones.

04 / 100

SI TOCAMOS UNA ORTIGA AGUANTANDO LA RESPIRACIÓN, NO NOS PICARÁ

Este es un mito cuya poca fiabilidad es particularmente fácil de comprobar. Basta con buscar una ortiga, aguantar la respiración y cogerla. Enseguida se descubre que esto de aguantar la respiración no funciona.

Ahora bien, hay que tener en cuenta un par de detalles. El primero es que efectivamente sea una ortiga lo que se toque. Que hay quien demuestra que no respirar evita la picadura de las ortigas, pero lo hace cogiendo plantas que, aunque parecidas, no son ortigas. En realidad hay que distinguir incluso qué tipo de ortiga cogemos, ya que las hay de dos tipos: la *Urtica dioica* es mayor, puede medir más de un metro de altura y si la tocamos pica, pero menos que la *Urtica urens*, de menor tamaño, pero de picadura más intensa.

Y otro detalle es verificar que las ortigas efectivamente pican aunque se respire normalmente. Hay personas que casi ni las notan cuando las tocan. Hace años conocí a un labrador que sacaba las ortigas con las manos desnudas sin problemas. Sospecho que era por la gruesa piel de sus manos, resultado de muchos años de duro trabajo.

En realidad no tendría mucho sentido que aguantar la respiración evitara la picadura de las ortigas. Estas plantas tienen la superficie cubierta por células que contienen unos diminutos pelos casi microscópicos llenos de sustancias urticantes. Principalmente ácido fórmico, aunque también contienen otros productos que si llegan al interior de nuestro cuerpo, generan una intensa sensación de escozor. Estos pelos son relativamente rígidos y frágiles, de manera que cuando se toca la planta fácilmente se clavan en la piel, inyectando el líquido que contienen y que es el que dará lugar a la irritación e incluso a la formación de ampollas. Todo ello es un proceso que se desencadena en pocos segundos y que tiene lugar en la superficie de la piel.

El hecho de que el aire no entre temporalmente en los pulmones no tiene ningún efecto.

Se podría pensar que al aguantar la respiración generamos algún cambio fisiológico que interfiere en la sensación de dolor. Al fin y al cabo, cuando paramos de respirar voluntariamente ejercemos una cierta presión sobre los músculos de la caja torácica. Esto podría causar un ligero aumento de la presión sanguínea, o tal vez alterar la manera como los nervios envían sus impulsos, o hacer alguna otra cosa que nos evitara notar el pinchazo de la ortiga.

Podría ser, pero el caso es que no es así. Y la manera más sencilla de averiguarlo es, obviamente, probarlo. Un experimento que hicieron en una escuela como trabajo de investigación. Un grupo de alumnos tenía que tocar una planta aguantando la respiración y describir si picaba o no. Esto lo hacían con los ojos vendados, de manera que ignoraban si lo que tocaban era una ortiga u otra planta. Y los resultados fueron contundentes. Aguantar la respiración no evitó en ningún caso la sensación de escozor. También fue una excelente demostración de que un grupo de alumnos puede diseñar un estudio razonablemente bien hecho, o que tenían un profesor que sabía cómo motivar el interés por la ciencia y el espíritu crítico.

En cualquier caso, es curiosa la historia de las ortigas. El hecho de que piquen cuando las tocas les ha dado una mala fama muy comprensible, pero, de hecho, es una planta con muchas aplicaciones para preparar remedios caseros e, incluso, sopa de ortigas.

Y no hay que preocuparse. Las ortigas, una vez secas dejan de picar. Sin que sea necesario aguantar la respiración ni nada parecido.

05 / 100

ARRANCAR UNA CANA
HACE QUE SALGAN OTRAS SEIS

Esto de las canas hay quien lo lleva muy mal. Tal vez porque no deja de ser una muestra palpable del paso del tiempo y nos recuerda que nos hacemos mayores. Por esto hay la tendencia a teñirlas o hacerlas desaparecer. Pero contra la tentación de simplemente arrancarlas hay el dicho que afirma que hacerlo hará que aún nos salgan más.

De todos modos, la realidad es ligeramente diferente. Cuando sale una cana, seguramente pronto saldrán más, tanto si la arrancamos como si no.

En condiciones normales el pelo tiene un determinado color gracias a la melanina, el mismo pigmento que hace que la piel se ponga morena durante el verano. La melanina la fabrican unas células, denominadas melanocitos, que se encuentran bajo la piel o bien en la raíz del pelo. Las que están bajo la piel son las responsables del bronceado, mientras que las que se encuentran en la base del pelo, en el folículo capilar, fabrican una melanina que quedará en el núcleo del pelo y le dará su color característico.

Además, hay dos tipos diferentes de melanina, una más oscura y otra más amarillenta. Según las proporciones que fabriquemos de cada una, tendremos el pelo de un color o de otro. Todo ello está determinado genéticamente.

También en función de la genética, a veces hay familias cuyos miembros presentan, ya de pequeños, determinadas zonas con canas. La causa es que la piel de nuestro cuerpo no es completamente uniforme y, en ocasiones, hay zonas que derivan de unas pocas células que por algún motivo han perdido la capacidad de fabricar melanina.

Y, finalmente, también está muy condicionada por la genética la época en la que los melanocitos del cabello dejarán de fabricar melanina. Por esto hay familias que mantienen siempre el pelo con un color intenso, mientras que a otras les empieza a blanquear desde que son relativamente jóvenes. De todos modos, la genética no lo es todo. La nutrición, el estrés y la manera como se trate el pelo también pueden afectar a los melanocitos y hacer que dejen de fabricar melanina antes de tiempo.

El caso es que puesto que la síntesis de la melanina tiene lugar en el folículo capilar de cada pelo por separado, cuando unos melanocitos dejan de fabricar melanina, su correspondiente cabello resultará ser blanco, mientras que el resto de pelos, que dependen de otros grupos de melanocitos, pueden seguir oscuros.

Habitualmente las canas no aparecen simultáneamente por todas partes. Hay algunas zonas donde la pérdida de pigmento suele tener lugar antes. Por ejemplo, en los hombres, la barba y el bigote se vuelven blancos antes que otras partes del cuerpo. La sien también tiene tendencia a emblanquecer primero.

Con las canas, además, hay un factor de percepción que nos suele engañar. La desaparición del pigmento no es repentina, sino que tiene lugar de manera gradual. Por esto durante un tiempo no notamos nada, hasta que un día vemos un pelo notablemente más blanco que el resto. Parece que haya aparecido de repente. Si se observan atentamente, en algunos se puede ver que la punta es más oscura que la raíz, pero esto dura poco tiempo puesto que pronto la carencia de melanina será total y afectará al cabello en toda su longitud. Por esto la mayoría de canas que vemos ya son completamente blancas del inicio al final.

Pero lo que hay que tener claro es que aquellos factores genéticos, ambientales o nutritivos que han afectado a los melanocitos de un cabello determinado también están actuando sobre el resto de melanocitos del cuerpo. Esto quiere decir que el proceso de emblanquecimiento está empezando. Y, por esto, cuando aparece un cabello blanco, pronto saldrán seis más… y da lo mismo si lo arrancamos o no.

06 / 100

UN DISGUSTO PUEDE HACER QUE EL PELO SE VUELVA BLANCO EN UNA NOCHE

Hay un dicho que afirma que "las apariencias engañan", y en el mito del emblanquecimiento del pelo por culpa de un susto, un disgusto o un gran estrés las apariencias suelen engañar. Hay que decir que existen referencias de personajes históricos que han mostrado un emblanquecimiento repentino del pelo en momentos críticos de su vida. Un clásico es el de María Antonieta la noche antes de ser ejecutada. Naturalmente, la noche antes de tu muerte se puede considerar un momento de mucha tensión, y el que apareciera con los cabellos repentinamente blancos fue muy comentado. Pero seguramente la situación se exageró notablemente.

Lo que hace que no sea posible un emblanquecimiento repentino es que el emblanquecimiento del pelo tiene lugar a partir de la raíz. Si en un momento determinado se detuviera la fabricación de melanina, los cabellos crecerían blancos a partir de aquel instante, pero la parte de pelo que ya había crecido seguiría manteniendo el pigmento. Un efecto exactamente igual al que se observa cuando alguien se tiñe los cabellos y estos siguen creciendo blancos por debajo de la parte teñida.

Entonces, ¿cómo surgió el mito del emblanquecimiento repentino?

Pues no es que quienes lo han visto se engañen. Realmente parece que los cabellos de la persona se han vuelto blancos de repente, pero lo que realmente ha sucedido es más complejo.

El pelo es relativamente sensible a las situaciones de estrés y los cambios hormonales. Hay que recordar que es una de las zonas de nuestro cuerpo que está en constante proceso de crecimiento. Hay pocas células que a lo largo de toda la vida estén creciendo constantemente a un ritmo parecido. Únicamente la mucosa intestinal mantiene un ritmo comparable para ir reponiendo las células que se desgastan cada vez que pasa comida por el tubo digestivo. El resto de células del organismo van proliferando, pero a un ritmo notablemente más lento. Por esto algunos tratamientos contra el cáncer, que actúan sobre todo contra células de división rápida como los tumores, también afectan a las células del intestino y del pelo, y causan molestias gastrointestinales y la caída del pelo.

En el caso de los cabellos, todo el control tiene lugar en la raíz, en el folículo capilar. Una vez fabricado, el pelo ya es simplemente un tejido proteico que cuelga de la piel, hecho básicamente de queratina y con la melanina situada en su interior. Por otra parte, el folículo capilar puede encontrarse en diferentes condiciones de madurez que hacen que responda diferente a según qué estímulos.

Determinadas situaciones de gran ansiedad, combinadas con otros factores, genéticos o de mala nutrición, pueden hacer que el folículo capilar se debilite notablemente. En situaciones extremas esto puede causar la caída del pelo, totalmente o por zonas. Se trata de una patología conocida y que se denomina *alopecia areata difusa*.

El caso es que, por algún motivo, las canas son más resistentes que el pelo con pigmento. Estrictamente tendríamos que decir que las células de los folículos del pelo que ya no fabrican melanina son más resistentes. Por lo tanto, puede tener lugar una caída repentina del pelo que afecte únicamente al pelo pigmentado, mientras que las canas siguen en su lugar.

El resultado final es que repentinamente una persona muestra una cabellera mucho más blanca que pocos días antes. No es que el pelo se haya emblanquecido, lo que ha pasado simplemente es que le ha caído el pelo oscuro y le han quedado las canas.

En realidad no hace falta que sea una caída total. Basta con que un porcentaje significativo de pelo oscuro se pierda para que el grado de emblanquecimiento sea notable y la persona parezca tener un aspecto considerablemente más envejecido.

Aunque si la causa de todo es que van a ejecutarte al día siguiente, seguramente el color del pelo ha de ser la menor de tus preocupaciones.

07 / 100

PODEMOS APRENDER IDIOMAS MIENTRAS DORMIMOS

Es el sueño de cualquier estudiante con pocas ganas de trabajar. Te pones unos auriculares, conectas el reproductor y te dispones a dormir. Durante la noche, sin ningún esfuerzo, irás escuchando las lecciones que poco a poco irán quedando grabadas en tu mente y por la mañana habrás adquirido unos cuantos conocimientos, habitualmente del idioma que quieres aprender. En Internet hay bastantes páginas que ofrecen, por unos centenares de euros, cursos completos para aprender inglés mientras duermes.

La propaganda de estos cursos es seductora. Hablan de aprovechar durante la noche el potencial de relación de la mente, o de la eficacia de pasar varias horas rodeado por el idioma que quieres aprender. También se hacen referencias más o menos claras a la hipnosis, e incluso a la hipnopedia, un concepto que aparecía en la novela *Un mundo feliz*. De manera que parece absurdo esforzarse en aburridísimas clases de inglés donde tienes que explicar lo que has hecho durante el fin de semana a personas a quienes no les importa en absoluto tu vida, o romperte la cabeza buscando las palabras necesarias para fingir que quieres comprar una casa en inglés.

Por desgracia, las cosas no son tan fáciles y si realmente queremos aprender un idioma no nos podremos ahorrar el esfuerzo. El aprendizaje es un proceso activo que requiere atención y una mente despierta. Y también requiere dormir, puesto que el sueño no es un periodo en el que la mente no haga nada. Mientras dormimos el cerebro se dedica a fijar las cosas que hemos aprendido, las experiencias que tenemos que recordar, los acontecimientos que se consideran importantes. Precisamente uno de los primeros efectos de la falta de sueño es la incapacidad para aprender.

La clave del engaño es pensar que mientras dormimos el cerebro simplemente está descansando. En realidad, dormir es una actividad muy compleja de la que todavía sabemos pocas cosas. Pero lo que sí sabemos es que las zonas del cerebro que incorporan la información proveniente de los sentidos, como el tálamo, están notablemente inactivas. Por esto cuando dormimos dejamos de ser conscientes de lo que sucede a nuestro alrededor. Y es por esto que se requiere un estímulo relativamente intenso para despertarnos.

Para que la información del curso de inglés llegue a la corteza cerebral donde tiene lugar el aprendizaje, tendría que ser un estímulo lo suficientemente fuerte como para cruzar estas zonas, y si así fuera nos despertaríamos. Si realmente estamos dormidos lo que sucederá es que la información que oigamos no llegará a las zonas superiores del cerebro y, por lo tanto, no nos servirá de nada. Será equivalente a oír el sonido de los coches de una calle lejana mientras dormimos.

Por esto la propaganda es un poco tramposa. Aunque el auricular esté toda la noche repitiendo palabras en inglés, se tratará de una información que no llegará a la mente. O, en todo caso, no llegará a las zonas del cerebro encargadas de incorporarla como conocimientos. El cerebro estará demasiado ocupado procesando lo que hayamos aprendido durante el día.

En realidad, estos cursos parece que sirven básicamente para personas que no pueden dormir. Pero, claro está, entonces ya estamos hablando de la manera habitual de aprender, aunque se haga por la noche.

El aprendizaje es un proceso activo que requiere mucha atención por parte de nuestro cerebro. Se dice que los niños aprenden idiomas sin esfuerzo. Esto es cierto, pero incluso ellos tienen que poner mucho interés por su parte. Han de repetir las palabras e intentar entender en qué contexto se usan. Parece que no les cueste nada, pero la realidad es que poco más hacen en esta etapa de la vida. Toda su atención, toda su mente, se dedica a aprender cómo interactuar con el mundo, lo que incluye aprender a hablar. Unos esfuerzos que se irán fijando en sus mentes durante los largos periodos en que duermen.

Dicen que hay un momento para cada cosa. Pues esto también es cierto con respecto al cerebro. Mientras dormimos nuestra mente está ocupada en muchas cosas importantes, pero no es el momento de aprender nada.

08 / 100

HAY QUE BEBER DOS LITROS DE AGUA DIARIAMENTE

Siempre hay que tener cuidado en la manera como usamos las palabras. Frases que parece que dicen lo mismo, en realidad no lo hacen. Y este mito de los dos litros, o los ocho vasos de agua, diarios es un ejemplo excelente. La realidad es que en condiciones normales nuestro cuerpo sí que necesita unos dos litros de agua por día. Esta cantidad es una generalización aceptable aunque depende, naturalmente, del peso de la persona, de la edad, de la actividad física que realice y del ambiente donde se encuentre. ¡Pero que necesitemos dos litros de agua no quiere decir que obligatoriamente tengamos que beber dos litros de agua!

Antes de seguir, que quede claro que no es malo beber esta cantidad de agua. En ningún caso quiero decir que no se tenga que beber mucha agua. Simplemente hay que tener presente que las necesidades fisiológicas de nuestro organismo no requieren los ocho vasos de agua que algunas personas se obligan a beber porque piensan que es beneficioso para la salud.

El motivo es que la comida que ingerimos ya contiene una buena cantidad de agua que hay que tener en cuenta a la hora de hacer los cálculos. Es evidente que una pieza de fruta puede tener bastante agua, y un plato de sopa ya no hace falta ni decirlo, pero una ración de carne o un filete de pescado también contienen un porcentaje de agua sorprendentemente elevado. Los macarrones que comemos han sido hervidos, y al hacerlo se han hinchado y ablandado gracias al agua que han incorporado. Incluso una rebanada de pan contiene agua. Basta con notar la diferencia con una rebanada tostada, que entre otras cosas ha perdido el agua que contenía. Toda esta agua la podríamos restar a los dos litros necesarios que tanto se difunden en los anuncios publicitarios.

Con el agua sucede lo mismo que con muchos factores nutricionales. Resulta imprescindible para mantener la salud y el correcto funcionamiento de nuestro cuerpo. Unos niveles deficientes de hidratación enseguida traen problemas que pueden llegar a ser graves. Por eso nos parece que cuanta más agua bebamos, mejor. Pero esto no es exactamente así. Una vez hayamos ingerido la cantidad necesaria de agua, todo el resto lo eliminaremos sin más.

Y no, no nos ayudará a eliminar más toxinas ni hará que la piel sea más bonita. De nuevo: si no tenemos suficiente agua tendremos problemas para eliminar toxinas y la piel se resentirá, pero un exceso de agua no hará que estemos mejor.

Al igual que pasa con las vitaminas, podemos compararlo con el ejemplo del aceite del coche. Hace falta una determinada cantidad para que el motor funcione correctamente, pero ponerle un exceso de aceite no hará que funcione mejor. En realidad, el exceso no sirve absolutamente para nada.

Nuestro organismo está compuesto por tres cuartas partes de agua, de modo que es normal que la manera como la usamos esté muy bien regulada. El equilibrio hídrico de nuestro cuerpo se mantiene en unos márgenes bien establecidos gracias a una serie de mecanismos que tienen lugar automáticamente. Uno de los más obvios es que, según la cantidad de agua que bebamos, fabricaremos una orina más o menos concentrada y en mayor o menor cantidad. Esta regulación tiene lugar porque aunque nuestro cuerpo requiere mucha agua, las pérdidas son inevitables. Perdemos agua con el sudor o por el mismo hecho de respirar. Cada vez que exhalamos aire de los pulmones, este se lleva una pequeña cantidad de humedad proveniente del interior del cuerpo.

Por lo tanto, es cierto que nos hace falta tomar una cierta cantidad de agua a diario. Pero estar pendiente de esta cifra de los ocho vasos, los dos litros o lo que sea no tiene mucho sentido. Lo más sensato es dejar que sea el propio cuerpo el que nos indique si nos hace falta agua o no. Beber cuando tenemos sed, o cuando tenemos calor, o cuando hagamos ejercicio. El único caso en el que efectivamente hay que obligarse a beber agua es en el caso de los ancianos. A partir de los cincuenta años, la sensación de sed se va haciendo cada vez menos intensa y el riesgo de no beber lo suficiente se va haciendo más real. En las personas mayores es necesario vigilar para asegurarse que toman suficiente agua.

Es muy importante que no nos falte agua, pero ningún exceso nos servirá de mucho.

09 / 100

CORTARSE EL PELO HACE QUE CREZCA MÁS FUERTE

Pues es lo que parece. Después de cortarse el pelo, parece notablemente más consistente. Esto es aún más evidente si nos cortamos el pelo muy corto, al rape o al uno. Entonces el que sale tiene una fuerza muy superior a la de la vieja cabellera. Por lo tanto, parece que cortarse ocasionalmente el pelo ha de ser un buen sistema para fortalecerlo.

Pero todo ello es, básicamente, un error de percepción.

Hay que tener presente que el pelo no es como las plantas. Las plantas van creciendo por el extremo mientras que la parte basal simplemente crece a lo ancho. En cambio el pelo crece desde la base. La parte apical, la del extremo, está hecha de materia prácticamente inerte: una proteína particularmente resistente llamada queratina y poca cosa más. En principio, el pelo debería tener siempre el mismo grosor que tenía en el momento de salir de la piel. De todos modos, a medida que van creciendo pueden experimentar variaciones causadas, sobre todo, por el desgaste. Así, las puntas del cabello cuando es muy largo se ven más delgadas y estropeadas que el resto.

De manera que si cortamos la parte del final, lo que nos quedará es la zona del pelo que está en mejor estado. Durante un tiempo puede parecer que el pelo está en mejores condiciones y, ciertamente, algo ha mejorado ya que hemos eliminado la parte más desgastada. Pero, en cuanto al crecimiento, sigue haciéndolo exactamente igual que antes de cortarlo.

Y el efecto aún es más notable si lo cortamos muy corto. Entonces incluso puede parecer que sale extremadamente resistente. Lo que sucede en este caso es que la longitud del pelo es tan corta que no tiene margen para doblarse. Al igual que es muy difícil doblar un palo que sobresalga muy poco del suelo, pero si el mismo palo sobresale unos cuantos metros lo podremos mover con facilidad.

El grosor, la resistencia y la calidad del pelo siguen siendo los mismos, pero la impresión que da es la de tener mucha más fuerza.

Este efecto es muy notable en la barba de los hombres. El primer día, cuando los pelos sobresalen menos de un milímetro, parece que sean excepcionalmente fuertes. Al pasar la mano rascan, e incluso pueden hacer daño. Pero estos mismos pelos pocos días después ya son demasiado largos para ofrecer resistencia y se doblan con facilidad. De nuevo, el grosor o la calidad de los pelos no ha variado, pero la longitud sí ha aumentado y esto les confiere un aspecto más suave, menos resistente.

Además, es normal que no tenga efecto el hecho de cortarse el pelo. Como el crecimiento tiene lugar a partir de la base, las células del folículo capilar ya no pueden actuar sobre la parte del pelo que ya está fuera del cuerpo. Estas células simplemente van fabricando y organizando la queratina y van añadiendo más y más por la raíz. Que alguien se corte el pelo es irrelevante para ellas.

Únicamente cuando el pelo es muy, muy largo, o está muy maltratado, puede tener algún efecto. En estos casos la tensión que genera el pelo sobre el folículo puede ser lo bastante grande para dañar algunas estructuras celulares. Así, pues, cortarlo no hace que crezca mejor, pero sí puede hacer que deje de crecer mal.

10 / 100

LOS HOMBRES PIENSAN EN SEXO CADA SIETE SEGUNDOS

De esta afirmación hay diferentes versiones en las cuales varía el tiempo que presuntamente tardamos los hombres a volver a pensar en sexo. Hay quien habla de seis segundos, otros de siete, otros de cincuenta y ocho segundos, y seguro que hay más. Es fantástico, porque si lo de los seis segundos fuera cierto representaría que cada minuto pensamos diez veces en algo relacionado con el sexo. Unas sesenta veces por hora y, en un día normal, obviando unas cuantas horas para dormir, tendríamos novecientos sesenta pensamientos libidinosos.

Me van a disculpar, pero pensar en sexo más de novecientas veces en un día me parece exagerado incluso para el más pervertido de los obsesos. Además, esto presupone que los hombres tenemos una imaginación realmente limitada. Cualquier pensamiento relacionado con el sexo que merezca este nombre requiere más de seis segundos. Y, diga lo que diga el mito, algo más hacemos a lo largo del día. Con el ritmo de pensamientos que se nos atribuye, no podríamos hacer ninguna otra cosa. Además, es que al final incluso los más machos de los machos se aburrirían.

Lo más divertido es que la afirmación es completamente gratuita. No hay estudios que aporten estos datos. Ni estos ni ningún otro, entre otras cosas porque no tenemos manera de medirlo más allá de abordar a alguien y preguntárselo. Una pregunta que tampoco es tan sencilla de responder. ¿Alguien recuerda exactamente el número de ocasiones en que pensó en sexo durante el día de ayer?

Además, también hay que precisar algo más sobre de qué se habla. Mientras escribo esto, o mientras lo leen, ¿se considera que estamos pensando en sexo? ¿Cuántas veces? ¿Cuenta por una sola? ¿O por muchas consecutivas?

Lo que resulta interesante en la afirmación de los seis o siete segundos es que da por supuesto que disponemos de la tecnología para medir estas cosas. Actualmente empezamos a tener idea de cómo funciona el cerebro, de qué áreas están activas en un momento u otro, incluso hay experimentos para intentar generar alguna imagen mental sencilla. Pero saber si alguien está pensando en sexo (o en lavadoras, o en escarabajos, o en lo que sea) y poder medirlo es, de momento, simplemente imposible.

Al final todo ello es una manera divertida, o ingeniosa, de explicar que los hombres piensan en el sexo con más frecuencia que las mujeres. Un dato aceptado en general y que, este sí, parece que se ha analizado. Al menos sabemos que las zonas del cerebro relacionadas con el comportamiento sexual se desarrollan más en el caso de los hombres que en el de las mujeres. Aunque en esto hay que tener cuidado, porque más grande no significa necesariamente más activo, pero en cualquier caso sí quiere decir "de manera diferente". Por ejemplo, en los hombres el estrés hace que aumente su interés por el sexo; en cambio, en las mujeres suele tener el efecto contrario.

Alguien dijo, relativamente en broma, que ciertamente los hombres piensan mucho más en el sexo que las mujeres, puesto que en el caso de ellas su fisiología les empuja a buscar un destino para un único óvulo cada mes. Los hombres, en cambio, tenemos que buscar un destino a seiscientos millones de espermatozoides cada semana. No es ninguna sorpresa que esto induzca comportamientos diferentes.

11 / 100

CON LUNA LLENA NACEN MÁS NIÑOS

Hay quien afirma que es con la luna llena y otros dicen que es con el cambio de Luna, pero lo que tienen clarísimo es que en determinados momentos del ciclo lunar, el número de partos se dispara. Se dice que los hospitales lo saben y que en esas fechas refuerzan los servicios de maternidad, y se asegura seriamente que está demostrado. Incluso se habla del efecto de la marea sobre el líquido amniótico para explicar esta correlación.

El problema es que la correlación no existe. Que los hospitales no refuerzan nada cuando cambia la Luna. Y que el efecto de la marea sobre el líquido amniótico es una tontería que puede comprobar cualquiera que tenga papel, lápiz, una calculadora y un mínimo conocimiento sobre cómo funciona esto de las mareas. Pero es que en realidad tampoco se tendría que esperar gran cosa si lo pensamos un momento. Al fin y al cabo, ¿por qué motivo la Luna tendría que tener más o menos efecto en función de cómo esté iluminada? Y es que la Luna siempre está ahí arriba. Lo único que cambia es el lado por donde la ilumina el Sol.

Que la Luna no tiene absolutamente ningún efecto sobre los partos es un dato fácil de verificar y que se ha determinado muchas veces. Los hospitales disponen de registros del número de nacimientos a lo largo de muchos años, de manera que basta con mirar para cada día cuántos niños nacieron y cómo estaba la Luna. Cuando se hace esto lo que se observa es… nada de nada. No hay ningún cambio en función de la Luna. Ninguno, ni uno, cero. Es una lástima, pero la Luna no tiene nada que ver.

De todos modos, esta afirmación resulta tan atractiva que muchas personas la seguirán creyendo a pies juntillas aunque los datos digan lo contrario. Nos encanta que la Luna tenga algún efecto más o menos mágico sobre nosotros. Y aún mejor si es sobre el mismo momento del nacimiento. La conexión con el cosmos en estado puro. ¡No permitiremos que unos feos datos nos estropeen una bonita fantasía!

Y datos tenemos muchos. Puesto que el mito está ampliamente extendido, muchos hospitales de todo el mundo han analizado sus registros para ver qué encontraban. Siempre con resultados negativos. Son unos estudios que abarcan varios años e incluyen docenas de miles, incluso centenares de miles, de nacimientos espontáneos, de manera que la fiabilidad parece garantizada. Aunque parezca una tontería, es importante que se incluyan únicamente los nacimientos espontáneos, por si acaso algún médico decidiera practicar las cesáreas únicamente durante los días de luna llena.

Tal vez lo que pasó tenga que ver con el hecho que las cosas que se reparten al azar presentan ocasionales picos de máxima actividad. Quizás alguna vez, en algún hospital, tuvieron un día particularmente atareado en la sala de partos. Con toda seguridad esto sucede de vez en cuando. Pero en aquella ocasión debía de haber luna llena. Alguien se fijó en la Luna, vio el número de partos inusualmente elevado y estableció una relación que en realidad no existe. En otras ocasiones también debía de haber días muy ocupados en la misma sala de partos, pero al mirar al cielo no veían nada de especial y no se establecía ninguna relación. Nadie piensa en relacionar un número alto de nacimientos con "el sexto día después del inicio del cuarto menguante". Las casualidades existen y nos encanta convertirlas en norma. Si además es tan atractiva como un misterioso efecto de la Luna sobre nuestras vidas, la tentación de creerlo a pies juntillas resulta irresistible.

De manera que seguramente quien lo creía seguirá creyéndolo. Hay cosas que, simplemente, no queremos cambiar. Pero recuerdo que una vez se lo pregunté a una enfermera de una unidad de neonatología. Su respuesta fue clara: "Tiene mucho más efecto sobre el número de nacimientos el hecho de que nueve meses antes el Barça (o el Madrid, o el que prefieran en cada ciudad) gane la liga que cualquier ciclo lunar."

12 / 100

LA INTELIGENCIA SE PUEDE MEDIR

Esto de la inteligencia, medir la inteligencia y qué hay que hacer con estos valores es uno de los temas que ha traído más cola en el campo del conocimiento y la sociología. A menudo oímos hablar de los CI, los cocientes intelectuales, y nos ofrecen tests más o menos serios para medirlos. También hay estudios rigurosos muy interesantes basados en estos tests, realizados e interpretados por profesionales que ofrecen resultados susceptibles de interpretarse de muchas formas.

Pero el problema se encuentra en la base de todo, en la propia definición de inteligencia. Una definición que no es tan clara como puede parecer. Porque todos conocemos personas particularmente inteligentes y otras particularmente tontas, pero cuando intentamos explicar la diferencia con una cierta exactitud nos encontramos con muchas dificultades. Es algo como la belleza o la simpatía. Características que podemos reconocer, pero que nos cuesta explicar.

No se trata únicamente de cantidad de conocimientos. Hay personas con mucha memoria, que tienen grandes conocimientos y que manifiestan una incapacidad absoluta para usarlos. En cambio, otras personas, sin saber leer ni escribir, demuestran un grado de inteligencia indiscutible.

Por lo tanto, si no tenemos claro de qué hablamos, difícilmente podemos medirlo. Podemos medir cosas, pero que aquello sea realmente lo que creemos que medimos es lo que muchas veces se discute. Por esto con frecuencia se dice que si hablamos de la inteligencia como si fuera "algo" real es, simplemente, porque le hemos puesto un nombre. Pero podría suceder como con la belleza, que no deja de ser una apreciación subjetiva y variable según personas o culturas. La belleza no es una "cosa" que alguien tenga en grado más o menos mensurable. A ojos del enamorado la cantidad de belleza de su amor será muy diferente que a ojos de una competidora por un puesto de trabajo.

Entonces ¿qué miden los tests de CI?

Pues, como su nombre indica, un cociente. Inicialmente eran una herramienta que se diseñó para identificar a los alumnos que no seguían el curso como el resto de compañeros. Una cosa era la impresión del maestro, pero valía la pena intentar hacerlo de una manera más objetiva, con un test que evaluara el nivel de desarrollo en la comprensión del lenguaje, en la discriminación espacial, en los razonamientos lógicos… Una serie de capacidades que a medida que nos hacemos mayores vamos desarrollando y mejorando.

La idea era hacer estos tests y dar valor cien al valor promedio de los obtenidos por todos los alumnos de la misma edad. Después se comparaba este promedio con el valor que obtenía cada alumno particular. Por esto es un cociente y por esto el valor más normal es el de cien. Esto no quiere decir que una persona normal tenga valor cien. Es como decir que la altura promedio de los hombres de un país es de un metro y setenta y cinco centímetros. Ya se espera que lo normal sea estar algunos centímetros por debajo o por encima. Pero si alguien se aparta mucho de la media, tal vez sea indicativo de algún problema.

Pues el mismo razonamiento se pretendía aplicar a los niños. Si alguien obtenía un valor muy por debajo, aquel niño requería una atención especial. Algo le pasaba y por esto no "progresaba adecuadamente". Hay que hacer notar que este valor no medía la inteligencia, sino la manera como progresaban los niños. Algunos podían sacar valores muy buenos al principio de la escolaridad y muy malos al final. O a la inversa. No se trata de un valor fijo, inmutable. Justamente al contrario.

Pero era una cifra, y hacía referencia a la inteligencia, de forma que solo fue cuestión de tiempo empezar a pensar en medir la inteligencia. Enseguida se aplicó a adultos, a grupos sociales, a sexos, a razas, y con demasiada frecuencia a toda situación en la que interesaba demostrar que los unos eran menos inteligentes que los otros.

Los tests de CI han mejorado mucho desde sus inicios. Y ciertamente tienen muchas aplicaciones. Pero hay que tener cuidado con la manera como usamos las palabras. No miden una "cosa" llamada inteligencia. Y, por supuesto, no son valores inmutables que nos definen para siempre jamás.

13 / 100

EN LA LENGUA TENEMOS ZONAS ESPECIALIZADAS EN PERCIBIR LOS DIFERENTES SABORES

En muchos lugares podemos encontrar el mapa de los sabores en la lengua. Cuando nos enseñan a catar el vino, nos explican por dónde tenemos que percibir el sabor ácido o el dulce, y al final todos tenemos claro que el dulce lo notamos con la punta de la lengua, el amargo por la parte del final, y el ácido y el salado por los lados.

Nos lo repiten tantas veces que ya ni hacemos caso cuando tomamos un poco de sal con la punta del dedo, la tocamos con la punta de la lengua y notamos el gusto salado. Curioso, porque en la punta de la lengua ¡tendríamos que notar el dulce! El salado se detecta por los lados. Pero esta aparente contradicción, que podemos experimentar simplemente cogiendo el salero de la cocina, no nos hace replantear el mapa de los sabores.

Otro problema con este mapa ha sido la aparición de nuevos gustos básicos. Esto aún es motivo de discusión, pero cada vez parece más claro que hay un par de sabores adicionales que podemos identificar, ya que disponemos de receptores específicos para ellos. Uno es el *umami*, una palabra de origen japonés que sirve para describir un gusto relacionado con la carne, las sopas o el queso. En realidad es generado por algunos de los aminoácidos que contienen estos alimentos. Para experimentarlo basta con probar las pastillas de caldo preparado.

Esto ha hecho redibujar el mapa de los sabores y el *umami* se ha situado a la parte central de la lengua, un poco por delante de la zona del amargo.

Pero es que aún hay más. El gusto "graso" también puede tener sus propios receptores, y aunque de momento todavía no he visto dónde lo han situado, pronto habrá que encontrarle un lugar.

Todo ello nos recuerda que esto de los mapas de los sabores tan solo es una aproximación que no hay que tomar muy al pie de la letra. Esto no quiere decir que toda la lengua tenga la misma sensibilidad. Pero en la práctica, cualquier gusto puede ser detectado por cualquier zona de la lengua. Se puede comprobar sin problemas yendo a la cocina y poniendo azúcar, sal o vinagre en diferentes partes de la lengua. Con más o menos intensidad, siempre se percibe el gusto.

El gusto lo detectamos con unas células especializadas que en su membrana tienen unas proteínas que se pueden unir a diferentes moléculas. Cuando esto pasa, la célula envía una señal a las neuronas y el cerebro interpreta el gusto en concreto. Diferentes receptores responden a diferentes tipos de moléculas. Por ejemplo, los del dulce se activan con azúcares como la glucosa; los del salado responden a la presencia de sodio, mientras que los del ácido se activan por la presencia de protones.

Las células que tienen esta capacidad están situadas en las papilas gustativas de la lengua, que pueden ser también de diferentes formas y tamaños. El caso es que ciertamente no están repartidas por toda la lengua de manera uniforme. Esto es lo que hace que algunas zonas tengan más sensibilidad que otras, y esta tendría que ser la única interpretación que hiciéramos de los mapas de los sabores.

Además, el gusto no se detecta únicamente en la lengua. El paladar, la faringe e incluso alguna zona de los intestinos pueden detectar sabores. Limitar el sentido del gusto a los sencillos mapas de los sabores de la lengua es simplificar mucho, pero mucho, las cosas.

Finalmente, también es un error hablar de mapas de los sabores. En todo caso habría que referirse a mapas del gusto. El sabor es el resultado final de integrar las sensaciones gustativas y los aromas que detectamos con el olfato. El olor de la comida también viaja por la faringe y llega hasta la nariz. Y en el caso de los aromas podemos detectar muchísimos matices, de manera que las posibilidades de diferenciar sabores van mucho más allá de los pocos gustos básicos que percibimos.

14 / 100

LOS HUMANOS TENEMOS CINCO SENTIDOS

Esto es lo que aprenden los niños cuando son pequeños. Tenemos cinco sentidos que son la vista, el oído, el olfato, el gusto y el tacto. Punto y final. La realidad, sin embargo, es que afortunadamente tenemos algunos más. De no ser así tendríamos muchos problemas para ir tirando con nuestra vida.

Un sentido muy importante es el sentido del equilibrio. Sin él seríamos incapaces de desplazarnos. Y no es resultado de ninguna de las acciones generales del cuerpo, sino que disponemos de un órgano especializado en indicarnos cómo nos movemos. Cuando nos enseñan la estructura del oído, junto al tímpano aparece una zona más o menos complicada denominada *laberinto*. Este laberinto, a pesar de su situación, no tiene nada que ver con el oído, sino que lo usamos para orientarnos en el espacio cuando nos movemos.

El laberinto consta básicamente de unos tubos circulares dispuestos en las tres direcciones del espacio y que están llenos de un líquido relativamente espeso. Cuando nos movemos, este líquido se desplaza por el interior de los tubos y al hacerlo mueve una especie de pelos (denominados cilios) situados en la superficie de unas células especializadas. Según cuáles sean los cilios que se mueven y la fuerza con que lo hagan, el cerebro puede saber hacia dónde nos movemos y a qué velocidad lo hacemos.

Otro sentido en el que no pensamos habitualmente es el de la propiocepción. Esta palabra hace referencia a la percepción de cómo estamos colocados. Aunque no acostumbramos a ser conscientes de ello, en todo momento disponemos de información precisa de dónde están las piernas, los brazos, los dedos, la cabeza. Esto es imprescindible para poder realizar cualquier movimiento. Si no supiera dónde está mi brazo, ¿cómo podría moverlo? Necesitamos saber si está estirado o encogido, si lo tenemos sobre la pierna o en el hombro. Y, a partir de esta información, el cerebro ejecutará los movimientos musculares necesarios para desplazarlo hacia donde nos interese.

También es importante el sentido del dolor, que técnicamente se denomina nocicepción. A veces se cree que esto es simplemente el sentido del tacto. Pero en realidad no es así. El tacto es un sentido de la piel para detectar principalmente la presión, los contactos físicos con cualquier objeto. Pero el dolor lo podemos percibir no únicamente por la piel; muchas veces sentimos dolor difuso en el interior del cuerpo, o podemos tener dolor de cabeza y esto no tiene nada que ver con el tacto.

El sentido del dolor es imprescindible como señal de alarma que nos indica que algo no funciona correctamente en el organismo. Las personas que tienen alterado el sentido del dolor y no lo perciben acostumbran a vivir poco, simplemente porque no se dan cuenta cuándo se están lesionando. Por mucho que nos incordie cuando lo tenemos activo, el dolor es absolutamente necesario para la vida.

La termocepción es el sentido que nos permite detectar la temperatura. De nuevo, se suele adjudicar al tacto, pero las cosas son más complicadas. Es cierto que hay detectores de temperatura en la piel, pero también tenemos otros completamente diferentes en el cerebro, que detectan la temperatura de la sangre. Su funcionamiento es diferente, y las percepciones que generan también.

Una cosa es tocar una superficie y notar si está fría o caliente. Y otra muy diferente es la sensación de tener calor, de estar sofocado. Esta es una sensación que genera una parte del cerebro cuando nota que la temperatura de la sangre aumenta. Entonces se ponen en marcha los mecanismos automáticos para enfriar el cuerpo, que consisten básicamente en sudar.

Y al revés. Podemos tener la sensación de frío a pesar de estar rodeados de mantas calentitas. Es una sensación interna, diferente a la del tacto. Cuando esto pasa, cuando el cerebro detecta que la sangre está enfriándose, activa sistemas para calentar el cuerpo. Aumenta el metabolismo e incluso temblamos para generar calor a costa de ir contrayendo la musculatura.

Ciertamente la manera como nuestro cuerpo se relaciona con el mundo que lo rodea está llena de sutilezas, y los sentidos que nos permiten hacerlo tienen mucha más variedad de la que normalmente creemos.

MITOS DE LA SALUD Y LA ENFERMEDAD

15 / 100

LOS RESFRIADOS LOS CAUSA EL FRÍO

Si hay una enfermedad típica y afortunadamente poco grave, esta es el resfriado común. Todos la conocemos y la hemos sufrido unas cuantas veces. Normalmente cada invierno suele caer un resfriado que nos tiene bajo mínimos cuatro o cinco días. Nada que ver con la gripe, que es más seria y que dura más tiempo.

Pero, a pesar del nombre, no es el frío el causante de los resfriados. Un resfriado es una enfermedad infecciosa causada por un virus. De hecho, no uno solo, sino que hay muchos tipos de virus que causan una infección leve de las vías respiratorias. Los más comunes son los rinovirus (de *rinos*, que quiere decir nariz) pero también lo hacen los coronavirus y otros.

Por lo tanto, la pregunta es: ¿por qué motivo estos virus nos afectan especialmente cuando pasamos frío? ¿O cuando nos ponemos delante de una corriente de aire? ¿O cuando vamos con los pies mojados? ¿Y por qué a veces vamos a la montaña, pasamos mucho frío y no nos resfriamos?

El caso es que los virus están presentes siempre en el ambiente y cada vez que respiramos inhalamos una buena cantidad. Lo que varía son las cantidades, porque, en otoño e invierno, con mucha más gente enferma, el número de partículas víricas es mucho mayor. Además hay un periodo de tiempo en el que las personas afectadas aún no presentan síntomas, de manera que ignoran que ya están infectadas. Por lo tanto, siguen yendo a trabajar, reuniéndose con otras personas, estrechando la mano y transmitiendo millones de virus al respirar.

Puesto que hay más virus flotando por los aires o en las superficies de las cosas y de las personas durante el invierno, parece normal que sea en esta estación cuando contraigamos resfriados con más frecuencia. Pero, ¿y el frío qué tiene que ver?

Pues el caso es que tampoco es sencillo para un virus infectarnos. Antes necesita alcanzar el interior de las células del cuello o del pulmón, y para conseguirlo tiene que atravesar una serie de barreras físicas y químicas. Al fin y al cabo, nuestro cuerpo dispone de unos cuantos mecanismos de defensa. Una de las primeras defensas son los mocos, una sustancia pegajosa en la que quedan atrapados la gran mayoría de virus que respiramos. El moco recubre la superficie de las vías respiratorias para limpiarlas del polvo, los virus y las bacterias que vamos inhalando. Y actúa como una capa en movimiento. En la superficie de las células de la tráquea hay un tipo de "pelos" (denominados *cilios*), que van latiendo rítmicamente. Este movimiento hace que el moco se vaya desplazando lentamente hacia arriba, hasta que llega al cuello y es tragado. De manera que el destino final de los virus suele ser terminar pegados en una pasta de mocos y acabar digeridos por el ácido del estómago.

Pero resulta que con el frío, el movimiento de los cilios se ralentiza, haciendo que la capa de moco se mueva más despacio, lo que concede a los virus del resfriado mucho más tiempo para alcanzar la superficie de las células. En estas condiciones algunos lo consiguen y ya pueden empezar a hacer copias de sí mismos. Es el inicio de la infección.

Una invasión sin mucho futuro, ya que nuestro sistema inmunitario puede destruir con relativa facilidad los virus del resfriado, aunque mientras tanto ya habremos contribuido involuntariamente a esparcir una buena cantidad de virus por el ambiente.

Naturalmente, cuando nuestro cuerpo detecta la infección, pone en marcha mecanismos para evitar la entrada de nuevos virus, y entre ellos está la producción de más mocos. Un sistema molesto, pero efectivo. Y por esto también es importante beber mucho líquido. En parte es para evitar deshidratarnos, pero sobre todo para mantener los mocos fluidos de manera que puedan ser desplazados con facilidad por los cilios de las células de la tráquea. Y poco más podemos hacer. Mantenernos abrigados, no hacer esfuerzos y tener paciencia. Al ser un virus, los antibióticos no le hacen nada, y al haber tantos tipos diferentes, las vacunas tampoco serían efectivas.

Y una curiosidad final. Alguien ha calculado que en una vida de setenta y cinco años nos pasaremos unos tres años resfriados. ¡Tres años moqueando, estornudando y tosiendo!

¡Pesaditos, los rinovirus!

16 / 100

EL DESFIBRILADOR PONE EN MARCHA EL CORAZÓN

Una escena clásica de las series y películas de médicos y hospitales es cuando el paciente sufre un paro cardiaco. En pantalla podemos ver la máquina que mide los latidos del corazón y que muestra el electrocardiograma. Repentinamente suena un pitido y la línea queda plana. Entonces todo el mundo se pone a correr y a gritar, el médico prepara las palas, pide que todo el mundo se retire y aplica la descarga. El enfermo da un salto, pero habitualmente el electrocardiograma sigue plano. Aquí seguro que vemos otro plano del electro, que suele ser una línea verde sobre fondo negro. El médico de las palas pide que suban a doscientos cincuenta y vuelven a repetir el proceso. La tensión sigue en el segundo intento, y a veces hay que volver a subir hasta trescientos para repetir la descarga. Finalmente, y después de unos momentos de angustia, la línea del electro vuelve a recuperar las señales del latido y todos respiran tranquilos.

La escena es efectiva, pero está llena de errores importantes. De hecho, casi nada de lo que vemos se aproxima a la realidad.

Lo primero que hay que tener claro es que si el electrocardiograma muestra una línea plana, ya no hay que pedir las palas. El paciente ha muerto y ninguna descarga lo revivirá. Esto es porque la función de las descargas no es reanimar el corazón, sino todo lo contrario. ¡La idea es detenerlo!

Parece absurdo, pero normalmente estas situaciones de parada cardiorrespiratoria son causadas por un proceso que tiene lugar en el corazón y que se denomina *fibrilación*. Por esto el aparato se llama desfibrilador.

El funcionamiento normal del corazón es como el de una bomba que empuja la sangre al contraerse el ventrículo. Los detalles son más complejos, claro está, pero podemos imaginarlo como un globo lleno de líquido que súbitamente se contrae y hace que el líquido salga.

Las contracciones las hace el músculo del corazón, el miocardio, y existen unas células nerviosas que se encargan de hacer que todas las fibras musculares se contraigan a la vez, en un único latido.

Pero cuando tiene lugar la fibrilación ventricular, lo que sucede es que las fibras musculares del corazón empiezan a hacer contracciones cada una a su ritmo. Sin coordinación. Esto hace que el corazón no empuje la sangre hacia afuera, el flujo sanguíneo del resto del cuerpo se detenga y la persona caiga fulminada, ya que el cerebro necesita un aporte constante de sangre.

Si en este momento se hace un electrocardiograma, no saldrá plano como en las películas. El corazón sigue haciendo contracciones, pero las hace sin seguir un ritmo correcto. Más que latir, parece temblar. Lo que se observa es una línea oscilando sin orden ni concierto.

Así pues, la idea de los desfibriladores es hacer pasar una corriente eléctrica intensa para detener el corazón. La clave es que, una vez parado, normalmente vuelve a ponerse en marcha con todas las fibras latiendo coordinadamente. Es muy parecido a cuando hacemos un *reset* al ordenador.

En la práctica, tampoco empiezan con descargas pequeñas y van subiendo. Es una situación de urgencia, de manera que es mejor dar de entrada la descarga intensa y asegurarse de que el sistema se reinicia rápidamente. Después ya vendrán con la adrenalina, la atropina, u otros fármacos para activar el ritmo cardiaco.

Lo que sí hay que hacer es retirarse. Si alguien tocase al paciente en aquel momento, también recibiría la descarga y quizás acabaríamos con dos pacientes en paro cardiaco en lugar de uno.

Un paro cardiaco es una situación muy, muy estresante. Por esto es importante tener algunas nociones de las maniobras que hay que hacer mientras llega la ayuda. Además, actualmente se empiezan a situar desfibriladores portátiles en grandes superficies, estaciones y lugares con mucha afluencia de gente. No es difícil manejarlos, pero no estaría de más que en las empresas, y también en las escuelas, enseñaran qué es lo que hay que hacer en estas situaciones.

17 / 100

SI NOS ENTIERRAN VIVOS, MORIMOS POR FALTA DE OXÍGENO

Es una posibilidad terrible y todo un clásico en las novelas de terror. Dar a alguien por muerto, enterrarlo y que, poco después, la presunta víctima, que no estaba muerta, despierte dentro de un ataúd herméticamente sellado, enterrada en vida. Las descripciones que hacía Edgar Allan Poe de la lenta agonía, de los esfuerzos inútiles para liberarse y de la asfixia que se va sufriendo a medida que se acaba el oxígeno son para poner los pelos de punta.

Pero no son muy exactos.

Siempre damos por hecho que si nos quedamos encerrados en un lugar como un ataúd, moriremos por asfixia cuando el oxígeno se agote. Al fin y al cabo, tenemos claro que necesitamos oxígeno para vivir y que a medida que vayamos respirando lo iremos consumiendo. Antes o después llegará un momento en el que ya no quedará suficiente para vivir y moriremos asfixiados. El razonamiento es básicamente correcto, pero el caso es que la fisiología de la respiración es más sutil, y sobre todo hay que tener en cuenta que hay más gases implicados.

Cuando respiramos hacemos dos cosas. Dentro de nuestros pulmones captamos el oxígeno que necesitamos para mantenernos vivos, pero también nos liberamos del exceso de CO_2 que necesitamos eliminar. Si no lo hiciéramos, el CO_2 interferiría en la captación de oxígeno, se acumularía en la sangre, alteraría el grado de acidez y finalmente nos causaría la muerte por intoxicación.

Como todo, es una cuestión de equilibrios. Necesitamos una pequeña cantidad de CO_2 en la atmósfera para que las plantas sinteticen materia orgánica durante la fotosíntesis. Todo el carbono que comemos, todo el que forma parte de los seres vivos, incluyéndonos a nosotros, fue durante mucho tiempo parte del gas de la atmósfera. Alguna planta lo captó y lo incorporó a la materia viva gracias a la luz del Sol.

Pero demasiado CO_2 es tóxico. Esto lo saben los submarinistas, que se entrenan a respirar correctamente, no tanto para captar oxígeno como para eliminar bien el CO_2. Y en ocasiones se producen accidentes por inhalación de CO_2 en recintos cerrados.

Lo que sucede es que nuestros glóbulos rojos pueden transportar o bien oxígeno o bien CO_2. Y que transporten uno u otro depende de las cantidades relativas que encuentren en el ambiente.

En condiciones normales, cuando la sangre pasa por los pulmones encuentra un ambiente muy rico en oxígeno, de manera que este gas es el que captará. Pero, al llegar a los tejidos, la situación es diferente. Allá las células ya habrán consumido el oxígeno y lo que hacen es generar CO_2, de manera que la sangre cambiará el oxígeno que traía por el CO_2 que liberan las células. Al final, lo que tenemos es un flujo constante de oxígeno hacia las células y de CO_2 hacia afuera.

Ahora bien, si los pulmones estuvieran muy llenos de CO_2, los glóbulos rojos de la sangre no captarían oxígeno, sino que seguirían cargando CO_2, y esto no es lo que nuestro cuerpo necesita. Seguimos respirando, pero la sangre no se oxigena, las células se encuentran sin oxígeno, y adiós.

De manera que a la pobre víctima de la novela de terror, la muerte le vendría mucho antes por acumulación de CO_2 que por falta de oxígeno. Un CO_2 que habría generado ella misma al respirar y que se acumularía en el recinto cerrado del ataúd. Por suerte, piadosamente, mucho antes de la asfixia perdería el conocimiento ya que el cerebro se quedaría sin el oxígeno necesario para seguir funcionando correctamente. Hay que añadir que en un volumen reducido, como un ataúd, todo el proceso sería bastante rápido.

No deja de ser un final espantoso, pero al menos no sería tan eternamente largo como lo describen en las novelas góticas o en las películas de terror.

18 / 100

LA VITAMINA C CURA EL RESFRIADO

Muchos juegos de cartas incluyen la figura del comodín. Una carta que sirve para todo y que la puedes usar en el momento que te apetezca. Pues, en temas nutricionales y de farmacia casera, el comodín por excelencia es la vitamina C. Da lo mismo si estás cansado, si tienes exámenes, si te sientes triste o si simplemente tienes un no-sé-qué que hace que no estés bien del todo. La solución puede ser más o menos compleja, pero a menudo incluye tomar vitamina C, que todo el mundo sabe que va muy bien. Y por encima de todo, siempre se dice que es excelente para tratar el resfriado.

Pero la realidad es que no, no sirve de nada contra el resfriado. Esto lo propuso Linus Pauling, todo un premio Nobel de Química y de la Paz, pero el caso es que en esto andaba equivocado. Se han hecho suficientes estudios en personas que recibían suplementos de vitamina C y no se ha podido establecer ninguna mejoría con respecto a los resfriados. Otra cosa es que apetezca mucho un zumo de naranja cuando estás enfermo, pero la vitamina C no nos ayuda a curarnos.

Entonces, exactamente ¿qué hace la vitamina C? Pues, para empezar, ayudó a Inglaterra a mantener su imperio. Antiguamente los marineros solían sufrir de escorbuto. Una enfermedad que hacía que las encías sangraran, las articulaciones dolieran, las heridas no cicatrizaran y que al final causaba más muertos entre la tripulación de los barcos que las batallas con el enemigo. Pero un médico inglés, James Lind, se dio cuenta de que añadiendo zumo de lima a la dieta de los marineros se podía prevenir el escorbuto. Tuvieron que pasar unos años desde que lo demostró hasta que incluyeron zumo de lima en la dieta de los marineros, pero esto hizo que durante un tiempo la armada inglesa dispusiera de tripulaciones en mejor estado físico que el resto.

Ahora ya sabemos que la clave del escorbuto es la carencia de vitamina C y que los cítricos tienen mucha. Por esto, a la pregunta: ¿para qué sirve la vitamina C?, la respuesta podría ser: para prevenir el escorbuto. De todos modos, para prevenir el escorbuto, ¿cómo lo hace?

Pues la clave es que la vitamina C, o ácido ascórbico, es una molécula que participa en diferentes reacciones químicas de nuestro metabolismo. Y una de ellas es la conversión de un aminoácido denominado *prolina* a otro, ligeramente diferente, llamado *hidroxiprolina*. Esta hidroxiprolina es imprescindible para fabricar colágeno, que es la proteína principal de los tejidos conectivos. Nuestros músculos, el pelo, los tendones y toda la fibra que nos sirve de apoyo físico están hechos principalmente de colágeno. Nuestro cuerpo está hecho de células, pero estas células se mantienen unidas entre sí gracias a una estructura hecha de colágeno. El colágeno es el equivalente al cemento biológico de los animales.

Esto explica que el colágeno sea la proteína animal más abundante del planeta.

Pero sin vitamina C no podemos fabricar el colágeno correctamente. Por esto, las zonas donde hay tejidos en crecimiento y que requieren que se vaya depositando nuevo colágeno son las que se alteran durante el escorbuto. Las heridas no cicatrizan porque hace falta colágeno para sintetizar el nuevo tejido cicatrizado. Las articulaciones duelen porque hay que ir añadiendo colágeno para compensar el desgaste. Y, al final, las hemorragias se generalizan porque las paredes de los vasos sanguíneos no se pueden reparar correctamente. Un cuadro dramático que se puede prevenir simplemente tomando algunos limones o verdura fresca.

Esta es la principal función de la vitamina C, pero no la única. También es antioxidante, y participa en la síntesis de otras moléculas, hormonas, aminas biógenas...

Y lo que sucede con casi todas las vitaminas es que, si seguimos una dieta normal, en nuestro mundo occidental es muy difícil que vayamos escasos de vitaminas. Con la comida ya ingerimos de sobras para nuestras necesidades. Solo en casos particulares, de determinadas enfermedades o de embarazos, hace realmente falta tomar suplementos vitamínicos.

Pero como, en general, no hacen daño, muchos acabamos tomando por si acaso... (Aunque no hay que hacerse ilusiones, el resfriado seguirá su curso inmutable.)

19 / 100

EL CÁNCER DE MAMA ÚNICAMENTE AFECTA A LAS MUJERES

Pues no. Los hombres también pueden sufrir de cáncer de mama. Y suele ser más grave, no porque la enfermedad sea más agresiva, sino porque es demasiado habitual que no le den importancia a la aparición de un bulto en el pecho. Este es un síntoma que hace que una mujer acuda rápidamente al médico mientras que los hombres lo suelen atribuir a cualquier cosa menos a un cáncer de mama. Por esto es frecuente que se diagnostique más tarde y, por lo tanto, esté más avanzado.

El error que se comete es pensar que los hombres no tenemos pechos como las mujeres. Las estructuras que dan lugar a las mamas están ahí pero se quedan sin desarrollar ya que faltan las hormonas necesarias, como la prolactina entre otras. Pero células susceptibles de sufrir una mutación y resultar cancerosas están presentes tanto en hombres como en mujeres. En el caso de las mujeres, la estimulación hormonal y los cambios asociados al ciclo menstrual hacen que la probabilidad de aparición de tumores sea más alta que en los hombres. Se calcula que, por cada cien cánceres de mama que se dan en mujeres, hay un único caso en hombres. Una frecuencia baja, pero que hay que tener en cuenta.

El tratamiento es el mismo para hombres y para mujeres; cirugía siempre que sea posible, quimioterapia y/o radioterapia y tratamientos hormonales, de nuevo cuando esté indicado. El porcentaje de éxito también es similar si se detecta a tiempo y la complicación que más los diferencia es que psicológicamente los hombres acostumbran a llevarlo peor. Al fin y al cabo, además del impacto emocional que supone este diagnóstico, el cáncer de mama está firmemente considerado una enfermedad femenina. Hay hombres que sienten menoscabada su masculinidad.

Los factores de riesgo para los hombres son los habituales, como la exposición a radiaciones o a agentes mutagénicos, pero también el tener unos niveles anómalamente altos de estrógenos. El hecho de que en la familia haya varias mujeres que hayan sufrido cáncer de mama es un factor adicional que hay que tener en cuenta. La mutación que les ha inducido el cáncer a ellas también la puede llevar el hombre, de manera que el riesgo se incrementa.

Esta es una enfermedad particular, puesto que es de las pocas en que los tratamientos, los diagnósticos y todo el conocimiento han pasado de mujeres a hombres. La mayoría de las enfermedades se conocen mejor en los hombres que en las mujeres. Después se asume que el tratamiento y la respuesta al tratamiento serán iguales en un caso que en el otro, o como mucho será necesario corregir las dosis de fármacos o los valores de referencia para los diferentes marcadores. Resulta más sencillo realizar los estudios en hombres que en mujeres ya que el cuerpo de la mujer experimenta muchos más cambios hormonales o la maternidad. Por este motivo históricamente la medicina se estudiaba primero en hombres y después se aplicaba sin más a las mujeres. Ahora ya no es así, pero muchos de los conocimientos que tenemos en la actualidad aún provienen de una época en la que el objeto de estudio era el cuerpo del hombre.

Pues el cáncer de mama es de las pocas situaciones en que las cosas van al revés. Los estudios y los tratamientos se han desarrollado para las mujeres y se aplican al hombre a partir de lo que sabemos sobre el cuerpo femenino.

20 / 100

ES PELIGROSO DESPERTAR A UN SONÁMBULO

Aunque no lo parezca, el sonambulismo no es un fenómeno raro. Se calcula que uno de cada tres niños ha sufrido al menos un episodio de sonambulismo entre los cinco y los doce años. A medida que crecemos, este porcentaje va disminuyendo hasta llegar al dos por ciento de adultos que ocasionalmente anda mientras duerme. Y a una de cada doscientas cincuenta personas le pasa al menos una vez por semana. De manera que tampoco es una cosa muy infrecuente.

Pero a menudo se dice que hay que ir con mucho cuidado de no despertar un sonámbulo, puesto que es muy peligroso. Lo que no se suele especificar es de qué peligro se habla y todo se limita a vagas referencias a ataques de corazón, a brotes de paranoia o a otras cosas más o menos espantosas, aunque siempre sin concretar. Da igual, puesto que, en realidad, el hecho de despertar a un sonámbulo no es para nada peligroso.

Cuando menos, no es peligroso para el sonámbulo, pero sí puede serlo para quien lo ha despertado, que se puede llevar un buen bofetón o una respuesta agresiva. No por nada personal, sino simplemente porque la persona estaba dormida y puede actuar como si todavía estuviera en el sueño. ¡Hay quien tiene muy mal despertar!

En realidad, no despertarlo podría ser más contraproducente, ya que una persona sonámbula puede hacerse daño sin ser consciente de ello. Hay que tener en cuenta que en este estado pueden hacer actividades relativamente complejas, pueden moverse por la casa, pueden vestirse (quizás no del todo correctamente) e incluso pueden salir a la calle. Pero también pueden tropezar, tocar cables eléctricos o caer por las escaleras puesto que tienen los reflejos muy menguados. Incluso podrían intentar coger el coche o actividades similares que resultarían muy peligrosas ya que en realidad la conciencia no está funcionando.

De manera que lo mejor es tomarlos de la mano y tranquilamente acompañarlos de nuevo a la cama. No hay que hacer caso de lo que dicen, porque normalmente no tiene sentido.

Y, si no hay manera, pues se los puede despertar con toda la suavidad posible. Lo habitual es que durante unos momentos se encuentran desconcertados, pero no pasa nada más. De hecho, hay ocasiones en las que los sonámbulos se despiertan por sí mismos en medio de un episodio. Es una experiencia desconcertante porque te despiertas a oscuras, en alguna habitación que ignoras cuál es y tampoco sabes si justo delante tienes una pared, una mesa o una escalera. La solución entonces es extender los brazos y avanzar con cuidado hasta que encuentras una pared, un objeto o algo que te permita orientarte para poder volver a la cama.

En general, un episodio de sonambulismo no dura mucho rato. Unos pocos minutos y ya está. Habitualmente el sonámbulo regresa por sí mismo a la cama y al día siguiente, al despertar, no recuerda nada. Pero a veces el episodio se puede prolongar y con el tiempo también puede aumentar la complejidad de las acciones que hacen. Son estos los casos en los que, si se tiene ocasión, hay que actuar para evitar que se hagan daño.

21 / 100

LOS ANTIBIÓTICOS CURAN LA GRIPE

Con los antibióticos sucede algo muy curioso. Nos hemos acostumbrado tanto a disponer de ellos que apenas somos conscientes del gran privilegio que representa vivir en una época en la que tenemos acceso a ellos. Gracias a los antibióticos, muchas enfermedades infecciosas que hace pocas generaciones eran mortales en un alto porcentaje han pasado a ser molestias menores o a desaparecer prácticamente del todo. Durante mucho tiempo ha sido normal tomar antibióticos para cualquier infección y rápidamente seguir con nuestra vida.

Y cuando en invierno llegaba el brote de gripe, era muy frecuente tomar antibióticos para acelerar la curación. Muchas personas aseguraban que de esta manera se recuperaban más rápidamente del malestar causado por la gripe.

Pero el caso es que ningún antibiótico hace nada contra el virus de la gripe. Y el motivo es justamente que la gripe, del tipo que sea, la causa un virus, y los antibióticos únicamente actúan contra las bacterias.

Para mucha gente no hay grandes diferencias entre una bacteria y un virus. Los dos son microorganismos que causan enfermedades. Demasiado pequeños para verlos a simple vista, los imaginamos con formas más o menos extravagantes y poco precisas. Pero la verdad es que las diferencias entre virus y bacterias son abismales.

De hecho, una bacteria tiene más en común con nosotros que con un virus.

Nosotros estamos hechos de células. Estas pueden tener un número increíble de tamaños y formas, pero casi siempre tienen varias características en común. Una membrana que las aísla del exterior, un líquido que denominamos *citoplasma* donde encontramos unas cuantas estructuras para generar energía y fabricar y transportar diferentes sustancias, y un núcleo dentro del cual tenemos el ADN, la molécula donde hay almacenadas las instrucciones para que cada célula haga lo que tenga que hacer en cada situación.

En el caso de las bacterias la cosa es distinta, aunque no demasiado. Para empezar, no hay núcleo, pero sí tienen membranas celulares que las aíslan del exterior. Unas membranas más complejas y más gruesas que las de nuestras células, pero que ejercen una función similar. De hecho, son tan gruesas que hablamos de "paredes" en lugar de membranas. En el interior no tienen orgánulos, pero sí encontramos ADN y también la maquinaria para fabricar las sustancias que hace la bacteria. Esta maquinaria es ligeramente diferente a la nuestra, pero no deja de tener un notable grado de complejidad.

Lo que hacen los antibióticos es aprovechar algunas de estas diferencias para matar las bacterias. Dañan la pared bacteriana o inhiben la fabricación de proteínas. Puesto que tanto la pared bacteriana como la maquinaria para fabricar proteínas son diferentes de las de nuestras células, los antibióticos pueden matar a las bacterias sin afectarnos a nosotros. Al menos en principio, porque, como todos los medicamentos, también tienen efectos secundarios.

Pero los virus son una cosa muy diferente. No tienen membranas, no tienen paredes, no tienen maquinaria en la que se pueda interferir, no tienen prácticamente nada. Únicamente un fragmento de ADN (a veces es ARN) y unas proteínas que lo rodean. Su metabolismo es nulo. No hacen nada de nada. Simplemente están flotando inertes hasta que se encuentran con una membrana celular. Entonces las proteínas que rodean el ADN vírico actúan como una jeringuilla o como un transportador que introduce el ADN del virus dentro de nuestra célula. Y a partir de aquí es nuestra propia maquinaria celular la que, inadvertidamente, se encarga de ejecutar las instrucciones del ADN del virus. Unas instrucciones que normalmente sirven para fabricar muchos más virus. Tantos que, al final, la célula puede acabar reventando y liberando muchísimos virus nuevos.

El problema es que puesto que el virus no hace nada por sí mismo, no hay por dónde atacarlo. No podemos interferir en su metabolismo porque no tiene. No podemos romper sus membranas porque tampoco tiene. De hecho, no podemos matarlo, porque es dudoso que lo podamos considerar "vivo". Por esto los antibióticos no hacen nada a los virus. Ni al de la gripe, ni a ningún otro.

22 / 100

BAÑARSE SIN ESPERAR DOS HORAS
DESPUÉS DE COMER PUEDE CAUSAR
UN CORTE DE DIGESTIÓN

Ante todo: es una buena costumbre no bañarse mientras se está haciendo la digestión. Lo que es incorrecto en el mito del corte de digestión es, precisamente, que no es la digestión lo que deja de funcionar. En realidad, el problema puede ser que la digestión no se corta.

Cuando era pequeño, después de comer era una lata esperar dos horas para bañarme en verano. Una espera que se hacía eterna y que los padres mantenían estrictamente. Además, basta con que te prohíban una cosa para tener aún más deseos de hacerla. Yo quería ir a bañarme pero el tiempo transcurría con desesperante lentitud. La explicación habitual era que entrar en el agua podía causar un corte de digestión y esto era muy peligroso. Por lo tanto, tocaba esperar.

Pero en realidad lo que sucede es distinto. Si entramos en el agua fría cuando la temperatura del cuerpo es elevada (y en verano normalmente lo es) el organismo necesita hacer unos cuantos cambios para ajustar la temperatura. Antes de entrar en el agua el cuerpo estaba intentando eliminar el exceso de calor, haciendo que la sangre circulara por las zonas más superficiales del cuerpo y sudando. Pero un instante después, cuando entramos en el agua fría, necesita cambiar todo el programa. Con la temperatura baja lo que se requiere es mantener el calor corporal; por lo tanto, la sangre ha de redistribuirse dirigiéndola hacia los órganos internos mientras que, simultáneamente, se reduce el diámetro de los vasos sanguíneos más superficiales a fin de minimizar las pérdidas de calor.

Esto se puede hacer con cierta eficacia, pero conlleva un par de consecuencias. La presión arterial aumentará ya que hemos reducido el flujo en muchos de los vasos. Esta hipertensión momentánea no es una buena cosa, por lo tanto el corazón disminuye el ritmo de bombeo a fin de no añadir más presión. Si todo va bien, en poco tiempo el metabolismo del cuerpo aumentará y se restablecerá la normalidad en la circulación.

Pero durante unos momentos existe un cierto peligro. Si el corazón reduce mucho el ritmo y encima hemos derivado la mayoría de la sangre hacia el interior del cuerpo, el cerebro puede llegar a experimentar un ligero déficit en el flujo sanguíneo. Esto puede causar mareo, malestar, vómitos, e incluso podemos llegar a perder el conocimiento.

Desmayarse nunca es una buena cosa, pero si estás nadando en una piscina o en el mar puede ser muy peligroso. Dejas de nadar y, a no ser que alguien te esté mirando justo en aquel momento, es muy fácil que te hundas y te ahogues.

Por esto es importante entrar despacio en el agua fría, enfriando las extremidades para dar tiempo al cuerpo a adaptarse a la nueva situación térmica. Y salir del agua tan pronto como notemos cualquier malestar.

Pero ¿qué tiene que ver la digestión en todo esto? Pues que durante la digestión el cuerpo necesita destinar una cierta cantidad de sangre precisamente a digerir la comida. La digestión es un proceso que requiere bastante energía y el cuerpo ha de destinar mucha sangre al intestino para aportar el oxígeno y los nutrientes necesarios.

Pero si a medio digerir entramos en el agua fría, toda la sangre que se está dedicando a la digestión no podrá ayudar a compensar los cambios en los flujos sanguíneos que requiere el cuerpo. La hipertensión, la bajada del ritmo cardiaco y el déficit de sangre en el cerebro serán aún más notables y la posibilidad de perder el conocimiento y ahogarnos es mucho mayor.

Naturalmente, esto de las dos horas es simplemente un tiempo orientativo. Si tan solo hemos comido un bocadillo, hace falta mucho menos tiempo, pero si hemos comido una paella abundante, acompañada con mucha bebida, postres, café y copa, pues seguramente necesitaremos más de dos horas para completar la digestión. Además, siempre hay que tener en cuenta que los niños son mucho más sensibles a este mecanismo que los adultos.

En cualquier caso, lo más importante es entrar en el agua con precaución, simplemente para dar tiempo al organismo a regular la situación. Y, por supuesto, salir del agua a la menor incomodidad. La digestión no se cortará, pero el resto de funciones del cuerpo tal vez sí.

23 / 100

EL COLESTEROL ES PELIGROSO

Existe una confusión muy evidente entre dos conceptos que no deberían mezclarse. Una cosa es un síntoma y otra diferente es un factor de riesgo. Los dos conceptos pueden tener cierta relación, ya que tienen que ver con amenazas para la salud, pero en realidad son cosas distintas y esto se ve muy claro en el caso del colesterol.

¡Colesterol! Ya casi suena como una amenaza. La gente pregunta si tienes colesterol o si te has analizado el colesterol. Y un valor justo por encima del límite que marcan los laboratorios ya hace pensar en infartos, en cambiar la dieta, tomar medicamentos y prácticamente hacer testamento. Es tan mala su fama que, si se buscan imágenes de colesterol en Internet, casi todo lo que se encuentra son dibujos de arterias taponadas.

Ciertamente el pobre colesterol es una de las moléculas con más mala prensa. Y ello a pesar de que nos resulta imprescindible para la vida. En realidad, a la pregunta "¿tienes colesterol?", la respuesta tendría que ser: "estoy vivo, ¿no? Pues entonces seguro que sí tengo".

Si al hablar del colesterol podemos olvidar las dietas por un rato descubriremos que es una molécula muy interesante. Nuestras células tienen una membrana hecha de lípidos que las aísla del exterior. Estos lípidos son como las gotas de aceite que flotan sobre el agua; delgadas, muy fluidas y que se pueden fusionar entre ellas. En realidad las membranas celulares serían demasiado fluidas y no resistirían ningún esfuerzo si no fuera porque en su composición hay un tipo de lípido particularmente rígido que les da el grado justo de consistencia. Este lípido es el colesterol.

Para digerir la comida tenemos el jugo gástrico (el ácido del estómago), que deshace los azúcares y las proteínas, pero para deshacer las grasas nos hace falta la bilis, fabricada en el hígado. La bilis es aquello tan amargo que le da el color verde a los vómitos.

Desagradable cuando sale así, pero imprescindible para digerir y absorber las grasas. Pues la bilis está hecha básicamente de sales biliares que son derivadas del colesterol.

Aún más. Otro compuesto relacionado es la vitamina D. ¿Una vitamina? Pues sí. La vitamina D tiene diferentes formas, pero una de ellas, la D3, se fabrica a partir del colesterol con ayuda de la luz del Sol.

Y no acaba aquí. Realmente el colesterol es una molécula muy agradecida y sin ella la vida sería mucho más aburrida ya que muchas hormonas sexuales (progesterona, estrógenos, testosterona) se fabrican a partir del colesterol.

De manera que, los alimentos que "ayudan a hacer bajar el colesterol", pues casi mejor que no, a no ser que se detecte algún exceso alarmante de colesterol. En todo caso, en una persona normal y sana, mejor dejar el colesterol tranquilito, que nos hace mucha falta.

Y aquí llega la confusión. Es cierto que hay una relación clara entre niveles elevados de colesterol y riesgo de problemas cardiovasculares. Incluso se conoce bastante bien el mecanismo. Pero se trata de un factor de riesgo, no del síntoma de una enfermedad. También el sedentarismo o el estrés tienen el mismo efecto y son factores de riesgo. Por lo tanto, el hecho de tener el colesterol alto no quiere decir que estés enfermo, a no ser que esté realmente muy alto. Aquí hablo de la mayoría de personas que pasan por poco los 240 mg/dl, que es el que marcan los límites de los análisis (si el análisis da 2.000 mg/dl sí sería el síntoma de algo, ¡eh!).

En la vida, el término medio suele ser lo más sensato. Colesterol, como todo, hace falta el justo y necesario, nada más y nada menos. Y, como siempre, los límites son difusos. No hay una línea que diga: hasta aquí no te pasa nada y a partir de aquí estás a punto de tener un infarto.

¿Que es un factor que hay que controlar? Sin duda. ¿Que ha de preocuparnos? Relativamente, pero no más que el hecho de llevar una vida sedentaria o demasiado estresada. En todo caso, si alguien se alimenta de comida basura, está todo el día tumbado en el sofá o tiene los nervios de punta, pues será mejor que empiece a cambiar muchas cosas en su vida, y no solo el nivel del pobre colesterol.

24 / 100

EL CORAZÓN NO PUEDE TENER CÁNCER

Esta es una sorprendente afirmación que se puede escuchar en ocasiones. Estamos acostumbrados a oír hablar de diferentes tipos de cáncer que, aparentemente, pueden aparecer en cualquier parte del cuerpo. Pero si lo pensamos un momento nos daremos cuenta de que del cáncer de corazón prácticamente no se habla. Esto ha hecho pensar a algunas personas, que no se han tomado la molestia de comprobarlo, que este órgano no sufre de cáncer.

Pues es un error. El corazón también se ve afectado por esta enfermedad. El nombre técnico es *sarcoma cardiaco* y, aunque su incidencia sea francamente baja, esto no quiere decir que sea inexistente. Analizando largas series de autopsias, se detectaron tumores en el corazón en un 0,2% de los casos. Un número que es pequeño, pero que no es nulo.

La localización puede ser en las propias cavidades del corazón, entre la musculatura que bombea o en una membrana que lo rodea y que se llama pericardio. Según la localización los efectos serán diferentes y van desde la dificultad para bombear la sangre a unas u otras zonas del cuerpo hasta la formación de trombosis en el caso que se libere algún fragmento del tumor. Además, por supuesto, de los síntomas inespecíficos del cáncer, como la pérdida de peso, el malestar y otros que también son comunes a otras muchas enfermedades.

El caso es que estrictamente hablando, cualquier célula de cualquier órgano puede devenir cancerosa. La única condición es que tenga ADN y, por lo tanto, que pueda sufrir las mutaciones que finalmente conducirán a la transformación tumoral. En realidad con una única mutación no hay suficiente. Aunque nuestro material genético puede sufrir un cierto número de daños, tiene un funcionamiento razonablemente a prueba de errores. Ahora bien, si se acumula un número suficiente de mutaciones, al final sí se puede llegar perder la capacidad de regulación. Cuando esto sucede, la célula empieza a crecer fuera de control y finalmente se genera un tumor.

Pero no todas las células del organismo tienen la misma probabilidad de mutar. Para que esto suceda, es necesario que la célula esté expuesta a agentes mutágenos, que pueden ser químicos o radiaciones, y que se divida con una cierta frecuencia. Es en el momento en que se divide, mientras el ADN se duplica, cuando se cometen la mayoría de errores.

Por esto hay algunos cánceres más frecuentes, como el de piel o el de pulmón, ya que estos órganos están expuestos a muchísimos agentes ambientales con capacidad de causar mutaciones, como el humo del tabaco o las radiaciones del Sol. Otros órganos, como el intestino o, de nuevo, la piel, tienen células que se dividen con mucha frecuencia, puesto que por su función están sometidas a mucho desgaste.

Pero en el caso del corazón estos factores no se dan. Las células del corazón sí regeneran, pero a un ritmo mucho más lento que otros tejidos. Además están muy protegidas de agresiones externas, puesto que no están en contacto directo con agentes tóxicos ambientales. Normalmente un tóxico que pueda afectar a las células del corazón nos causará otros muchos daños antes de alcanzarlo.

Por lo tanto el corazón es un tejido afortunado que muestra una baja incidencia de cáncer. Pero esto no quiere decir, de ninguna forma, que esté completamente libre.

25 / 100

EL ESTADO ANÍMICO PUEDE CURAR EL CÁNCER

Siempre hay que medir las palabras que usamos, pero en casos que implican enfermedades como el cáncer hace falta tener aún más cuidado con lo que se dice, lo que se quiere decir y lo que parece que se dice. Las personas que están luchando contra una enfermedad como esta (o cualquier otra) merecen tener claro lo que hay y también aquello que no hay. Y en el tema de la progresión del cáncer y el estado anímico se acostumbran a confundir muchos temas. A veces no tiene más importancia, pero en otras ocasiones se causa un sufrimiento innecesario a personas que ya padecen bastante.

Un error que cometemos con demasiada frecuencia es pensar que si la carencia de una cosa es mala, un exceso será bueno. O que si una cosa es buena, será buena para todo. Por ejemplo, sabemos que las vitaminas son necesarias para la salud y por lo tanto tomamos muchas vitaminas para estar más sanos. La realidad es que si nos faltan vitaminas nos pondremos enfermos, pero que una vez tengamos la cantidad necesaria, todas las que tomemos de más no nos servirán absolutamente de nada.

Pues con el cáncer y el estado anímico sucede algo parecido.

Para afrontar la lucha contra la enfermedad siempre se dice que hay que tener una actitud positiva, animosa, optimista. Que esto ayuda a la curación. Como siempre, se exagera y hay libros más o menos esotéricos que llegan a hablar de la curación del cáncer únicamente por la fuerza de la mente. Por desgracia, las cosas no son tan fáciles.

El caso es que la mayoría de estudios que se han hecho no han encontrado una evidencia sólida que indique que una actitud más optimista mejore las expectativas de supervivencia. Hay que decir, sin embargo, que este tipo de estudios provocan una cierta controversia, puesto que resulta muy difícil evaluar el estado anímico de una persona. Lo que habitualmente se hace son encuestas a los enfermos, pero esto es bastante subjetivo como para que haya unos márgenes de error importantes. Además, hay diferentes tipos de cáncer y no se puede descartar que el efecto del estado emocional, con los efectos hormonales que implica, sea diferente en unos tipos y en otros.

La experiencia de muchos médicos parece indicar que las perspectivas son mejores en pacientes animosos. De nuevo, hay que desconfiar de los datos subjetivos, en este caso de los médicos. Se ha sugerido que lo que realmente sucede es que los pacientes que anímicamente se dejan llevar por la depresión son menos estrictos a la hora de seguir los tratamientos y que se abandonan antes. Es otro caso en el que una actitud negativa puede ser mala, pero esto no implica que tener muchos ánimos sea bueno.

En cualquier caso, hay que tener cuidado con estos mensajes ya que pueden representar una presión añadida para los enfermos. A medida que la enfermedad avanza, pueden llegar a sentirse culpables por no poner bastante de su parte. Estar rodeados de familiares que, con la mejor intención, los intentan animar para "luchar mejor" contra la enfermedad puede causar un estrés añadido que no hace ninguna falta. Los recursos personales de cada uno de nosotros son los que son, y solo falta que nos hagan sentir culpables por no estar lo bastante animados. Parece una exageración, pero en ocasiones sucede. Y, al fin y al cabo, hay situaciones muy duras en las cuales tienes todo el derecho a estar desanimado sin que te hagan sentir culpable por ello.

Por supuesto, es mejor tener una actitud tan positiva como sea posible. Como mínimo hará que el tiempo que quede, sea cual sea, se viva de una manera mucho mejor que si se impone la depresión. Al final hay más cosas aparte de simplemente prolongar la vida. La calidad con que se vive es tan o, a menudo, aún más importante. Y en eso sí tiene un papel importante la psicoterapia para ayudar a mantener una actitud lo más positiva posible.

El estado anímico quizás no hará que vivamos más, pero con toda seguridad hace que vivamos mejor. Un razonamiento que no hay que tener una enfermedad para aplicarlo siempre.

26 / 100

EN NAVIDAD AUMENTA EL NÚMERO DE SUICIDIOS

De nuevo una percepción que se da por cierta a base de repetirla. En este caso también contribuye el hecho de que la Navidad suele tener un efecto un poco depresivo sobre muchas personas. La obligación social de estar feliz a veces genera justamente el efecto contrario. Si, además, sumamos que en el hemisferio norte cae en pleno invierno, los días son cortos y hace frío, todo ello puede resultar bastante deprimente. Y estar deprimido mientras alrededor todo te habla de felicidad, alegría y buen rollo es algo difícil de digerir.

Encima, por Navidad se acostumbran a reunir las familias, y un efecto secundario de esto es que nos vienen a la memoria aquellos seres queridos que ya nos han dejado. El recuerdo de los muertos es un poco inevitable y, de nuevo, un motivo de tristeza que contrasta con la alegría que se supone que hemos de sentir.

Todo ello hace que, cuando nos dicen que en estas fechas aumenta el número de suicidios, nos parece una cosa perfectamente razonable.

Pero, de nuevo, lo mejor en estos casos es hacer menos suposiciones y simplemente contar cuántos suicidios hay en aquellas fechas para compararlos con el resto del año. Esto podría parecer un tipo de entretenimiento sin mucho interés, pero la realidad es que en los hospitales o en los servicios de psiquiatría sí les interesa saber qué hay de cierto en este mito. Si realmente en Navidad se pueden esperar más casos de suicidio, los servicios de atención necesitan aumentar el personal y estar preparados para tener más trabajo.

De manera que, efectivamente, se han hecho estudios sobre cómo varía el número de personas que deciden acabar con su vida a lo largo del año. Muchas veces no se centran exclusivamente en Navidad, sino que se busca si hay fechas preferidas. Al volver de las vacaciones, los fines de semana, los lunes que caen en día par, o lo que sea.

Como suele pasar, existen estudios que se limitan a un hospital en concreto, otros abarcan todos los hospitales de una zona o de un país y, finalmente, hay trabajos que agrupan todos estos datos y hacen estudios estadísticos con un número enorme de casos a lo largo de muchos años.

Pues el caso es que, cuando se calcula, resulta que no es cierto que la gente se suicide más en Navidad. En todo caso, y si hay alguna tendencia que se pueda observar, sería hacia un menor número de suicidios. De todos modos, esta tendencia es suficientemente débil como para ponerla en entredicho. En algunos estudios se observa y en otros no. Pero lo que permiten descartar estos datos es que tenga lugar algún aumento durante Navidad.

Seguramente lo que sucede es que asociamos con demasiada facilidad el hecho de estar triste con la decisión de suicidarse. Pero en realidad es muy poco probable que alguien decida acabar con la propia vida simplemente porque está triste. Del mismo modo que confundimos una depresión clínica con lo que coloquialmente llamamos *estar depre*. En Navidad podemos tener tendencia a la tristeza o a estar depres, pero hace falta mucho más que esto para acabar suicidándose.

Una persona que sufra una depresión clínica sí puede decidir acabar con su vida durante la Navidad. Pero este cuadro es una patología muy compleja, muy dura, y aunque en los casos más graves puede acabar en un suicidio esto puede suceder en cualquier época del año.

27 / 100

LAS MUTACIONES SON MALAS

En las obras de ficción, siempre que se habla de mutantes y de mutaciones ya nos preparamos para ver aparecer monstruos, malformaciones o enfermedades espantosas y deformidades terribles. Una mutación parece sinónimo de muchos problemas. Pero la realidad es un poco diferente ya que, en cierto modo, todos somos mutantes.

Estrictamente, una mutación de las de verdad es, simplemente, un error en la secuencia del ADN, nuestro material genético. Es en el ADN donde las células tienen las instrucciones para saber qué proteínas han de sintetizar y cómo las tienen que hacer. Normalmente se pone el ejemplo de una fábrica de coches. El ADN sería como el libro de instrucciones para fabricar y montar el coche. Si en el libro hay un error, el coche saldrá diferente al resto. Lo más probable será que funcione peor, pero también puede ser que tengamos suerte y el error no se note. Y, en algunas ocasiones muy excepcionales, podría ser que resultara mejor. En este caso el individuo habrá tenido suerte en la lotería genética y la selección natural ya hará lo posible para mantener aquella mutación.

Para que podamos ir creciendo y reproduciéndonos, las células se van dividiendo y, por lo tanto, hay que hacer copias del ADN. Y aquí es donde, de vez en cuando, aparecen los errores. De hecho, es un poco inevitable. Basta con recordar que nuestro ADN contiene 3.000 millones de pares de bases (de "letras") y que nuestro cuerpo está hecho por unos 100 billones de células. Por lo tanto, la posibilidad de error al copiar un "texto" tan largo y en tantísimas ocasiones es lo bastante alta como para asegurar que cada uno de nosotros lleva un buen puñado de mutaciones.

Lo que pasa es que normalmente no son graves. Todos tenemos dos copias de ADN, la que nos legó el padre y la que nos legó la madre. Por lo tanto, si una de las copias tiene instrucciones no funcionales, siempre nos queda la otra para ir tirando. El único problema radica en el cromosoma Y de los machos, del cual no disponemos de otra copia. Se cree que este es uno de los motivos que hacen que la esperanza de vida de los hombres sea inferior a la de las mujeres, y que los hombres envejezcan peor. Se acumulan mutaciones que no pueden compensarse con nada.

La mayoría de mutaciones suelen ser irrelevantes. Una errata en un texto que no modifica su interpretación. En otras ocasiones, si los errores son muy serios, la célula muere y se acaba el problema. Pero, a veces, la célula no muere y mantiene la mutación. Si el problema afecta al ritmo de crecimiento, es posible que aparezca un tumor.

Pero las mutaciones más importantes son las que tienen lugar en las células germinales, óvulos y espermatozoides. A veces sucede y entonces la criatura que nazca tendrá aquel error en todas y cada una de sus células.

Una vez más, lo más probable es que no pase nada. Seguro que todos tenemos algunas de estas mutaciones. Si la mutación es importante, el embrión difícilmente será viable y tendrá lugar un aborto espontáneo a principios del embarazo. Esto es una cosa que pasa con más frecuencia de lo que se piensa. Bastantes atrasos de la regla son, en realidad, embarazos con embriones que no resultaban viables ya de buen comienzo.

Otras veces, la mutación no afecta a la viabilidad pero sí se hace notar. Un ejemplo típico son las personas albinas. Tienen una mutación que impide hacer el pigmento que oscurece la piel. Provoca problemas de sensibilidad al Sol, pero no compromete el funcionamiento del resto del cuerpo.

Pero para generar un mutante de los de las películas, ¿cuántas mutaciones simultáneas y funcionales harían falta? Una cantidad impensable. No se puede empezar a modificar el esqueleto, el metabolismo y la composición celular a base de mutaciones simultáneas y esperar que salga algo funcional a la primera.

Pero da lo mismo. Las películas tienen éxito y pronto todo el mundo acabará pensando que una mutación es "aquello que hace que te transformes en roca, te salgan alas, o puedas volverte invisible".

28 / 100

LA REGLA DE LOS CINCO SEGUNDOS

Este mito es muy conocido en Estados Unidos, mientras que por estos lares no lo tenemos muy aceptado. Pero como todo lo que sale de Estados Unidos acaba por imponerse en todo el planeta, mejor empezar ya a descartar esta idea. La regla de los cinco segundos dice que, si te cae comida al suelo y la recoges antes de que pasen cinco segundos, te la puedes comer sin problemas puesto que los microbios no han tenido tiempo de adherirse.

Los americanos la tienen tan asumida que incluso en una serie de médicos, cuando estaban a punto de hacer un trasplante de riñón, el órgano se les caía al suelo y gritaban: "¡los cinco segundos, corred a recogerlo!". Una situación absolutamente esperpéntica, además de ridícula.

Pero esta regla es tan conocida allá que incluso han hecho estudios para verificarla. Los primeros intentos parecieron prometedores. Depositaban comida en el suelo del laboratorio y después de diferentes intervalos de tiempo lo recogían y hacían un cultivo de microorganismos para ver si se había contaminado. La sorpresa fue que realmente hacía falta bastante tiempo para encontrar presencia de microbios, incluso un minuto en el suelo.

Pero no tardaron en darse cuenta del motivo. En el instituto donde realizaban los experimentos, el personal de limpieza usaba detergente con bactericida para fregar el suelo. En la comida no se pegaban microbios porque no quedaban microbios en el suelo. ¡Estaba demasiado limpio!

Una vez identificada la causa del resultado inicial, repitieron el experimento en un lugar que no estuviera esterilizado, es decir, en un lugar normal. Y entonces se vio que ni cinco segundos ni nada. Justo cuando se establece el contacto del alimento con el suelo, se produce la contaminación bacteriana.

El motivo es que los microbios no van nadando hasta la comida para adherirse ni requieren complicados mecanismos para hacer el salto del suelo a la comida. Simplemente por atracción electrostática, por disolución con la humedad de la comida o por fenómenos físicos muy sencillos, la célula bacteriana puede quedar inmediatamente unida a la comida. Naturalmente las características de la comida marcarán algunas diferencias. Si es una superficie húmeda, como un trozo de melón, el agua captará no solo los microbios, sino también el polvo y buena parte de las cosas que haya por el suelo. Otras superficies más secas serán menos "pegajosas" para lo que haya por ahí. Esto tiene mucha más importancia que el hecho de que pasen tres o cinco segundos.

Curiosamente, por Internet puedes encontrar lugares donde comentan la primera parte del experimento como si fuera una demostración de que la regla es cierta. Esto demuestra que hay quien no se acaba de leer las cosas, y luego pasa lo que pasa.

Hay quien también aplicaba esta regla a los chupetes o a los juguetes de los bebés, que siempre se les caen al suelo y luego se los ponen en la boca. Probablemente esto lo hacían con el segundo hijo. Lo más habitual es que al primero se le trate con todo el cuidado del mundo, con el segundo ya se tengan menos escrúpulos y con el resto ya se deje que la naturaleza haga su trabajo, que tampoco hay para tanto. Y es que, en realidad, lo mejor es tener el suelo limpio pero sin necesidad de que esté esterilizado, y no preocuparse excesivamente por los microbios. Los humanos tampoco estamos diseñados para vivir en un ambiente totalmente libre de microorganismos.

Por esto, si en ocasiones se nos cae una manzana al suelo, lo que hacemos es frotarla con la manga y seguir comiéndonosla sin problemas. A no ser que caiga en un lugar particularmente contaminado, nuestro cuerpo puede con unos cuantos microbios. Pero por supuesto habrá microbios que se habrán enganchado ya que esto de los cinco segundos es una bobada.

MITOS SOBRE LA COMIDA

29 / 100

LAS ESPINACAS TIENEN MUCHO HIERRO

Todos sabemos que una buena nutrición debe incluir cantidades equilibradas y suficientes, pero no excesivas, de proteínas, azúcares y grasas. Además, también necesitamos vitaminas, aunque en cantidades minúsculas. Y, finalmente, unas cuantas sales minerales y oligoelementos.

Esta palabrita, *oligoelementos*, que tanto gusta a los publicistas cuando anuncian suplementos nutricionales y bebidas energéticas, quiere decir más o menos "elementos químicos que requerimos en muy poca cantidad". Son los átomos de metales que nos hacen falta para acabar de fabricar correctamente algunas cosas. Hierro para hacer hemoglobina, zinc y selenio para algunos antioxidantes, cobre, magnesio, sodio, flúor, potasio...

El más típico es el hierro, un componente imprescindible para fabricar la hemoglobina. Y es que una de las funciones principales de la sangre es transportar el oxígeno de los pulmones a las células. Pues un átomo de hierro presente en la hemoglobina es el que se encarga de este transporte. Por esto es importante controlar los niveles de hierro. Si no tenemos suficiente aparecen enfermedades como la anemia, un problema que puede ser grave.

Por esto, cuando los nutricionistas se dieron cuenta de la importancia del hierro, enseguida se hicieron listas de alimentos con el contenido en este elemento. Y cuando se detectaban casos de anemia, la primera medida a tomar era incorporar en la dieta estos alimentos.

En realidad, no es que el hierro sea escaso. Por ejemplo, el hígado aporta una cantidad enorme de hierro. Y muchos vegetales, como las lentejas, también son muy ricos en hierro. Pero los más famosos de todos son las espinacas. Y aquí entra en juego el error de una secretaria... ¡y Popeye, el marinero!

Durante la Segunda Guerra Mundial se detectó en Estados Unidos un aumento de los casos de anemia entre los niños, de manera que se decidió promover el consumo de alimentos que fueran asequibles y ricos en hierro. Lo que hicieron fue lo más razonable: consultaron un libro donde había una tabla con las cantidades de hierro que contenía cada alimento para, a continuación, promocionar el consumo de los alimentos más ricos en este metal. Vieron que los primeros de la lista eran las espinacas, que contenían una cantidad de hierro muy superior al resto.

Por desgracia las espinacas no acaban de gustar a los niños. Y los motivos nutricionales tampoco sirven de ayuda para hacer que coman mejor, de manera que se optó para hacer propaganda subliminal y aquí entró en juego Popeye. Hasta entonces Popeye era un personaje de cómic que ocasionalmente comía espinacas simplemente porque le gustaban. Pero a partir de aquel momento hicieron que las espinacas le dieran la fuerza sobrehumana que ya lo caracterizó para siempre. Los padres podían decir a los niños que comieran espinacas, que tenían mucho hierro, y que así serían tan fuertes como Popeye.

No sé si convencía a los niños, pero seguro que fue efectivo convenciendo a los padres. De manera que generaciones enteras de niños tuvieron que comer religiosamente las espinacas.

¡Pero todo era un error! Las espinacas no tienen una cantidad muy grande de hierro. Se dice que cuando transcribieron las tablas con el contenido de hierro, la secretaria del doctor J. Alexander puso mal una coma, y en lugar del 0,003% de hierro apareció publicado el 0,03%; diez veces más. A ver; siempre se le da la culpa a la secretaria, pero quizás fue el científico el que se equivocó.

El problema es que, cuando se dieron cuenta, la campaña de Popeye ya estaba en marcha y con mucho éxito. Además, el origen del error estaba en un libro de texto... alemán. En aquella época los americanos no podían admitir que habían usado datos del enemigo para mejorar la salud de los niños. Y como tampoco era un alimento muy pobre en hierro, pues lo dejaron así, de manera que los niños tuvieron que seguir comiendo espinacas durante generaciones.

¡Ojo! ¡Que las espinacas son un buen alimento! Con bechamel y piñones, cuando están en su punto, son deliciosas. Y se pueden hacer infinidad de platos riquísimos. Comed espinacas, pero no lo hagáis por el hierro que llevan.

30 / 100

EL CHOCOLATE ES EXCITANTE
PORQUE CONTIENE CAFEÍNA

El chocolate tiene muchas virtudes aparte de ser delicioso. Al menos, para aquellos a quienes les gusta. Dicen que es un sustituto del sexo, que es energético, que quita el sueño o que causa dolor de cabeza. Y todas estas afirmaciones, en cierto modo, tienen algo de verdad.

No es exactamente que sirva como sustituto del sexo, pero consumir chocolate libera endorfinas, las mismas hormonas que también se liberan después de la actividad sexual o de practicar deporte, y que son las que generan una sensación de agradable bienestar.

Con respecto a sus propiedades energéticas, pues, como el que consumimos normalmente contiene una cierta cantidad de azúcar, el resultado es que estamos ingiriendo una buena dosis de calorías. Además, es estimulante, de manera que aunque no nos diera más energía en sentido absoluto, nos sentimos como si tuviéramos más, ya que en la práctica esta es la sensación que percibimos.

Lo de que quite el sueño es lo que ha hecho pensar que contiene cafeína, puesto que el efecto es parecido al de tomarse un café. En realidad, el mecanismo de acción es muy parecido, pero la molécula implicada no es la cafeína, sino una muy parecida: la *teobromina*.

El café contiene cafeína, al igual que otras bebidas como el té. Y es por la cafeína que resulta estimulante y que quita el sueño. La cafeína, desde un punto de vista químico, es un derivado de una molécula llamada *xantina*. Para conseguir cafeína hay que coger xantina y añadir un grupo químico llamado *metilo*, de forma que la cafeína es una *xantina metilada* o una *metilxantina*.

Lo que pasa es que este metilo se puede añadir en diferentes posiciones de la xantina. La cafeína tiene tres grupos metilo; la *teofilina*, presente en el té y otras bebidas, tiene dos, y la *teobromina* del cacao, y, por lo tanto, del chocolate, también tiene dos, pero situados en posiciones diferentes a los de la teofilina.

Inicialmente se midió el contenido de cafeína de diferentes alimentos, pero los datos se dieron no estrictamente como cafeína, sino como metilxantinas totales. Por ello parecía que el chocolate contenía mucha cafeína. Tanta o más que el propio café. Fue después, cuando se analizaron por separado cada una de las moléculas, que se vio que el componente principal del chocolate es la teobromina. También tiene una pequeña cantidad de cafeína y de teofilina, pero son componentes minoritarios si los comparamos con la teobromina.

De todos modos, en la práctica las tres moléculas resultan estimulantes y aditivas. Las tres estimulan el sistema nervioso, quitan el sueño, inducen la secreción gástrica, y en dosis altas incluso pueden provocar taquicardia. Que las tres tengan efectos parecidos no es ninguna sorpresa, puesto que químicamente se asemejan mucho. Sabemos que la más potente es la teofilina, que la cafeína tiene una potencia intermedia y que la más suave es la teobromina. Pero varían mucho más las cantidades que hay en las bebidas y los alimentos que la potencia individual.

De manera que, estrictamente hablando, es cierto que hay un poco de cafeína en el chocolate, pero sus efectos no son por la cafeína, sino por una molécula emparentada con ella, la teobromina.

Que cada molécula cargue con la responsabilidad que le corresponde.

31 / 100

LA DIETA VEGETARIANA ES MÁS SANA

En el tema de las dietas hay que ir con pies de plomo, porque gran parte de los defensores de unas u otras tienen actitudes casi religiosas respecto a las bondades o maldades de una u otra forma de alimentación. Y frecuentemente se sueltan afirmaciones demasiado exageradas, en sentido positivo o negativo, que demuestran más las convicciones de la persona que no el que una dieta determinada sea más o menos saludable.

Así, para empezar hay que dejar claro que una dieta vegetariana bien hecha es perfectamente saludable. Sus detractores pueden decir que es fácil tener carencias vitamínicas u otros problemas, pero la clave es hacer la dieta bien hecha. Una cosa que se aplica a todo tipo de dietas.

Ciertamente, hay dietas que son intrínsecamente malas para la salud. Si alguien se levanta un día y decide alimentarse únicamente de azúcar, pues seguro que aquello será perjudicial. Igual que si alguien intenta vivir únicamente de hamburguesas compradas en restaurantes de comida rápida. Pero ahora no hablo de este tipo de tonterías, sino de la esencia de la dieta vegetariana. Aquella que excluye los alimentos de origen animal.

Aquí también hay matices. Hay quien incluye huevos y leche, mientras que otros limitan su alimentación al reino vegetal (y hongos). Pero esto son detalles menores. En unos casos es más fácil conseguir la variedad necesaria para conseguir una nutrición completa, y en otros casos resulta más complicado, aunque también es perfectamente posible. Los defensores más radicales de estas dietas afirman sin dudar que su alimentación es más sana que la que incluye carne o pescado.

Y esta afirmación es la que no es cierta. En todo caso, sobra la palabra *más*. Que la dieta vegetariana sea sana es una cosa. Que sea más sana que una dieta omnívora equilibrada es lo que no es correcto. Una dieta que incluya carne, pescado y vegetales también puede ser perfectamente sana. Tanto como la vegetariana, y de una forma más fácil.

La clave es la misma que en el caso del vegetarianismo. Hace falta que sea equilibrada, variada y sensata. Lo que no se puede hacer es, como hacen a veces, comparar una dieta vegetariana con otra basada en alimentos precocinados. Si lo hacemos así, evidentemente que lo más sano es el vegetarianismo. Pero esto es trampa.

Al final, lo importante de una dieta sana es que nos aporte todos los nutrientes necesarios para el buen funcionamiento del organismo. Sin déficits ni excesos. Y la verdad es que el margen de maniobra que tenemos para conseguirlo es muy, muy grande. Nuestro organismo puede tomar una cantidad enorme de alimentos y procesarlos para extraer la energía y los materiales necesarios de una manera fácil y automática. A partir de unos aminoácidos, podemos fabricar otros, podemos hacer y deshacer con los azúcares, podemos procesar las grasas y podemos reciclar buena parte de lo que ingerimos. Hay excepciones, como las vitaminas, que no las podemos fabricar de ninguna manera y no queda más remedio que asegurarnos de que las ingerimos. Pero todo esto podemos hacerlo tanto a partir de alimentos vegetales como de origen animal.

Lo que pasa es que, por elevado que sea el margen del que disponemos, los humanos nos las ingeniamos para sobrepasarlo. Comemos en exceso, con dietas basadas en pocos alimentos, con mucha sal y un exceso increíble de calorías. El cuerpo puede hacer de más y de menos, pero dentro de unos límites.

Por lo tanto, hacer una dieta vegetariana es una manera de tener cuidado con la alimentación. De asegurarse de que nos alimentamos equilibradamente. Y en este sentido es sana. Pero tener cuidado con la alimentación y comer equilibradamente también se puede hacer con una dieta que incluya todo tipo de alimentos. Esta también será una dieta perfectamente sana y de ninguna forma menos sana que cualquier otra.

32 / 100

LA SACARINA PRODUCE CÁNCER

Una de las ideas más arraigadas que tenemos al hablar de salud es que las cosas naturales son más sanas y que, por lo tanto, las artificiales tienen que ser malas. Por supuesto, todos tenemos claro que no se puede generalizar y que siempre hay que matizar. Sabemos que hay potentes venenos que son absolutamente naturales y, por el contrario, muchos de los medicamentos que han hecho aumentar la calidad y la esperanza de vida de la que disfrutamos actualmente son productos totalmente de diseño, fabricados en laboratorios.

Pero la idea siempre está presente y, por lo tanto, cuando aparece una información afirmando que un producto sintético causa cáncer, nos parece la cosa más normal del mundo y no lo cuestionamos. Si después alguien carraspea y aclara que tal vez no, que quizás habían interpretado mal algunos datos y que en realidad no parece que cause cáncer, la aclaración ya no es noticia, o en el mejor de los casos se recibe con notable escepticismo.

Pues algo parecido es lo que le sucedió a la sacarina, y por esto aún se puede leer en muchos lugares que su consumo se ha relacionado con la aparición de cáncer. Un dato completamente inexacto por lo que ahora sabemos.

La sacarina la descubrió en 1879 un joven químico alemán que notó que un derivado del alquitrán tenía un sabor extremadamente dulce. Aquel producto permitía endulzar la comida sin necesidad de añadir azúcar. Un hecho muy interesante para personas obesas o diabéticas, pero que a la industria del azúcar no le hizo mucha gracia.

Al principio todo iba bien, pero hacia 1970 unos experimentos hicieron notar que ratas alimentadas con dosis altas de sacarina presentaban un número elevado de cánceres de vejiga. La cantidad de sacarina necesaria era realmente muy elevada; un 5% del total de la comida, pero aquello encendió las alarmas, ya que con las cosas de comer no se juega. La sacarina quedó marcada como aditivo que podía provocar cáncer y fue incluida en la lista de sustancias cancerígenas.

Pero la cantidad necesaria para causar cáncer era muy alta. El equivalente para un humano sería tomar diariamente doscientas latas de refresco con sacarina. Además, era necesario entender el mecanismo de toxicidad, de manera que la investigación continuó.

Y poco tiempo después se descubrió lo que pasaba en realidad en las vejigas de las ratas alimentadas con sacarina. El problema era que la sacarina acidificaba ligeramente la orina de las ratas y hacía que precipitaran minerales con más facilidad. Estos precipitados irritaban las paredes de la vejiga, que reaccionaban generando más células para reparar el daño causado por la irritación. En ocasiones, esta proliferación continuada perdía el control y se generaba un tumor.

Pero las dosis de sacarina que usamos en la alimentación normal no son suficientes para causar cambios en nuestra orina y, por lo tanto, no se desencadena ningún tumor. Además, también fue evidente que la sacarina, por sí sola, no causa ningún tipo de mutación.

Cuando esto quedó claro, la pobre sacarina volvió a salir de la lista de sustancias cancerígenas, aunque quedó en una situación ambigua. En Estados Unidos no estaba prohibida puesto que las agrupaciones de diabéticos se opusieron intensamente, pero los alimentos que contienen sacarina traen avisos del tipo "Este alimento contiene sacarina, que puede ser peligrosa para su salud". En cambio, en Europa no ha tenido este tipo de problemas y siempre ha sido autorizada. Tal vez porque a un europeo no le pasaría por la cabeza ingerir estas cantidades monstruosas de refrescos o alimentos endulzados, mientras que en Estados Unidos estas exageraciones no son tan extrañas.

33 / 100

LA DIETA DE LA MUJER PUEDE DETERMINAR EL SEXO DE SUS HIJOS

A lo largo del tiempo el sexo de los hijos siempre ha sido motivo de expectación. Actualmente, en los países desarrollados no pasa de ser un detalle más, pero durante mucho tiempo fue un factor que podía decidir el futuro de la familia. Un niño representaba una fuente de ingresos, una ayuda en el trabajo y una garantía de futuro. En cambio, el nacimiento de una hija obligaba a disponer de una dote para casarla y hasta que llegase ese momento era una boca más que alimentar y que aportaba muy poco a la economía familiar. En realidad las cosas no eran realmente así, pero esta era la manera como se solían plantear.

Y aún era más importante cuando se trataba de familias de la realeza ya que el sexo del hijo era determinante para el futuro del reino. La historia de muchos países se ha visto condicionada por el nacimiento de un niño o de una niña en palacio.

Como generalmente la preferencia era por los varones, se han ido intentando todo tipo de estrategias para asegurar que el descendiente fuera un niño. Unos intentos más o menos imaginativos que, curiosamente, casi siempre se han aplicado a la madre. Al fin de cuentas, era ella la que llevaba adelante la gestación. La criatura se desarrollaba en su vientre, de manera que parecía razonable actuar sobre la madre para decidir el sexo de la criatura en formación.

Habitualmente se ha intentado modificando la dieta, con la esperanza de que los alimentos que entraban en el cuerpo de la madre tuvieran algún efecto sobre el hijo. Estaba claro que con una dieta pobre los niños nacían débiles o prematuros, de manera que, ¿por qué no podían tener algún efecto sobre su sexo?

Incluso se hicieron listas de alimentos con propiedades masculinas o femeninas. Esto se podía basar en la energía que proporcionaba el alimento en cuestión o, simplemente, en la apariencia externa que tenía. Naturalmente todo ello no tenía ningún efecto, pero como una de cada dos veces que hacían la dieta efectivamente nacía un niño, durante mucho tiempo se mantuvo la ilusión.

Ahora ya sabemos que el sexo de los hijos está determinado por el tipo de cromosomas que tenga y esto no depende de la madre, sino del padre. La madre siempre cederá un cromosoma X al embrión, mientras que los espermatozoides del padre pueden aportar o bien un cromosoma X (de manera que el embrión se desarrollará como una niña) o bien un cromosoma Y (y el que crecerá será un niño).

Por supuesto, ninguna dieta que haga la madre a partir del momento de la fecundación podrá modificar la carga cromosómica que traiga la criatura. Es un dato perfectamente conocido y, a pesar de todo, aún hay quien cree hoy en día que la dieta puede tener algún efecto. También se propone hacer la dieta antes de la fecundación, como si el hecho de comer más pepinos o menos higos pudiera tener algún efecto en el camino que seguirán los espermatozoides o facilitar el camino a unos más que a otros.

Obvia decir que ninguno de estos sistemas funciona. Actualmente se puede seleccionar el sexo de los hijos in vitro con el fin de evitar enfermedades asociadas a algún sexo en particular. Para ello se pueden obtener los espermatozoides y separar los que traen el cromosoma X de los que traen el Y con técnicas relativamente complejas. En realidad es más sencillo fecundar unos cuantos óvulos, analizar qué cromosomas tienen y a continuación implantar únicamente los que decidamos, varones o hembras.

Curiosamente, lo que prácticamente nunca se proponía era modificar la dieta de los padres. Al fin y al cabo, son ellos los que determinan el sexo de los descendientes. El caso es que tampoco funcionaría, pero al menos tendría más sentido.

34 / 100

LAS HAMBURGUESAS SON MALAS PARA LA SALUD

Si hay un alimento que representa todo lo malo de la comida basura, es la hamburguesa. Pensar en hamburguesas ya se asocia a colesterol elevado, grasas insaturadas, sal a puñados, carne de dudosa procedencia diga lo que diga la publicidad y un riesgo de infarto inminente.

Pero la verdad es que esto se aplica a aquello que ofrecen las cadenas de comida rápida. Y "aquello" apenas merece el nombre de *hamburguesa*.

Los romanos y los egipcios ya realizaban platos similares a las hamburguesas. La idea es aprovechar carne que no sea de la mejor calidad, triturarla y añadirle algunos ingredientes a fin de hacerla más digestiva y apetitosa. De todos modos, la que conocemos actualmente parece que tiene el origen en el puerto de Hamburgo. Posteriormente, algunos inmigrantes alemanes la popularizaron en Estados Unidos con el nombre de *filete de carne al estilo de Hamburgo*.

Pero, ¿cómo tiene que ser una buena hamburguesa?

Para empezar, hay que tener presente la calidad de la carne. No tiene por qué ser de primera calidad, por supuesto. Hablamos de una hamburguesa, ¡no de un solomillo! Pero esto tampoco significa que tenga que prepararse con restos dudosos aunque bien triturados para que no se puedan identificar. Si la carne tiene una calidad aceptable, el hecho de triturarla facilita la digestión de manera que una pieza de carne poco atractiva puede ser mucho más nutritiva.

También hay que tener presente cómo se tritura la carne. Si se pasa poco por la trituradora, obtendremos fragmentos más bien gruesos, mientras que si la picamos mucho, los fragmentos serán más pequeños. Esto es importante, porque determinará la superficie de cocción.

Si la carne está muy finamente triturada, el calor tendrá más superficie por donde penetrar en el interior y el aumento de temperatura se repartirá más homogéneamente de manera que no nos quedará tostada por fuera y cruda por dentro.

Es por esto por lo que también hay que controlar la temperatura a la que cocinamos la hamburguesa. Una temperatura demasiado alta quemará las proteínas más externas y creará una capa carbonizada que actúa como aislante dificultando la cocción del interior. Pero si la temperatura es demasiado baja acabaríamos por cocer demasiado poco la carne, que tampoco es lo que queremos. Aquí la experiencia del cocinero es determinante.

Si se tienen en cuenta estos detalles, conseguimos un plato muy nutritivo, rico en proteínas y hecho a partir de carne de calidad normalita. Los problemas llegan cuando empezamos a añadir sal, que la tendencia siempre es a poner en exceso, cuando la cocinamos con un aceite de dudosa calidad rico en grasas saturadas, o cuando la servimos con un buen montón de patatas fritas (cocinadas con más aceite y bañadas con mucha más sal), cuando añadimos un buen chorro de salsa de origen dudoso (más grasas y más sal) y unas cervezas, que aportarán calorías vacías y favorecerán que las grasas se acumulen. Dietéticamente, todo esto tendría que ser un delito, aunque, si os fijáis, la mayor parte de la culpa no es de la hamburguesa, sino de todo lo que la rodea.

Ya sé que aquí no son fáciles de encontrar, pero una hamburguesa bien hecha, cuando la cocción está en su punto, de un tamaño razonable (y no las miserias que ofrecen en las grandes cadenas) y en un lugar apropiado puede representar una comida memorable y nutritivamente mucho más saludable de lo que normalmente se piensa.

De manera que... ¡un respeto para las hamburguesas! Incluso en esto hay clases.

35 / 100

LAS TOSTADAS ENGORDAN MENOS QUE EL PAN FRESCO

A la hora de plantearse un régimen para adelgazar, se suelen tener en cuenta varios factores. Algunos son evidentes. Reducir el consumo de grasas y de azúcares, aumentar la comida a la plancha en sustitución de los guisos, y eliminar las bebidas alcohólicas. Pero también se suele aconsejar sustituir el pan fresco por tostadas. Y esto resulta más difícil de entender.

De entrada, el pan tostado sí parece más ligero que el pan fresco, es menos voluminoso y aparentemente tendría que llenar menos y podría engordar menos. Pero, en realidad, al tostar el pan lo que hemos hecho es básicamente eliminar el agua que contenía. También hemos alterado algunas de las proteínas que lo componen, pero estas son modificaciones mucho menores. Lo importante es que ha perdido el agua. Y el agua, hasta que no se demuestre lo contrario, no engorda.

Estrictamente, el razonamiento del pan tostado tendría que ser a la inversa. El pan fresco contiene más agua y tendría que saciar más fácilmente que las tostadas. Con el pan tierno ingerimos más agua, pero esto no tiene consecuencias con respecto a la cantidad de grasa que se incorporan al organismo. La idea general es que va bien beber mucha agua para generar sensación de "barriga llena" y en consecuencia reducir el apetito, de manera que el pan tierno (con más agua) ayudaría a comer menos.

El problema es que esto choca directamente con el concepto de que el pan engorda. Por lo tanto, parece que tiene que ser mejor hacerle algo, sacarle cuanto sea posible y dejarlo con el esqueleto.

En la práctica no hay mucha diferencia. Tanto el pan tierno como el tostado se pueden comer de muchas maneras, todas deliciosas. Y si se tiene cuidado con lo que se pone encima no hay que sufrir demasiado por engordar. En realidad, cuando se analiza en profundidad, se acostumbra a descubrir que buena parte del problema del pan y el hecho de engordar no está exactamente en el pan, sino en las salsas, aceites y guisos que se ponen encima. Con mucha frecuencia el pan sirve básicamente de vehículo para llevar a la boca otros ingredientes que sí tienen efecto sobre la cantidad de grasa ingerida.

En este sentido, el efecto probablemente es más psicológico que real. Si pretendes hacer dieta con el objetivo de rebajar el peso y empiezas eligiendo pan tostado en lugar de pan fresco, ya estás haciendo algo, estás teniendo una actitud activa. Es una decisión sencilla que anima a seguir eligiendo alimentos más de acuerdo con el régimen. Si ni siquiera somos capaces de cambiar el pan fresco por pan tostado, seguro que fracasaremos en el régimen.

En realidad, a la larga, la mayoría de regímenes para adelgazar fracasan, pero esto ya es otra historia.

Además, hay otro factor a tener en cuenta. Cuando te dispones a elegir un régimen, ya hay unas cuantas cosas que das por hecho. No podrás comer grasas, ni azúcar, tendrás que reducir la sal y habrá que eliminar el pan. Que estas cosas tengan un sentido dietético y nutricional es secundario. Son cosas que "todo el mundo las sabe" y, por lo tanto, cualquier régimen que no las tenga en cuenta no lo solemos considerar un buen régimen.

De manera que esto de las tostadas quizás es una parte más estética que funcional en los regímenes para adelgazar. Pero en la vida la estética también es importante, ¿no?

36 / 100

PARA QUITAR LA RESACA
ES BUENO SEGUIR BEBIENDO

Esto más que un mito es casi una excusa chapucera para seguir bebiendo. Que el alcohol tiene muchos efectos sobre el organismo es bien conocido. Algunos de estos efectos, sobre todo al principio, resultan agradables. Una sensación de euforia, de desinhibición, incluso ligeramente anestésica que puede animar al inicio de la noche. Pero si seguimos bebiendo, antes o después empiezan a aparecer los otros efectos del alcohol. El dolor de cabeza, el mareo, el descontrol y toda una serie de malestares realmente desagradables.

Estrictamente la culpa no es del alcohol. El etanol, que es el tipo de alcohol que hay en las bebidas, es metabolizado rápidamente por nuestras células. Son los productos de degradación del alcohol, como el acetaldehído, los que tardan más en ser eliminados, se acumulan con especial afinidad por los tejidos grasos y causan los efectos de la resaca. Uno de los motivos es el efecto que tienen sobre las neuronas. Hacen que la transmisión nerviosa deje de funcionar correctamente de manera que el cerebro acaba por no poder procesar una información que le llega procedente de los sentidos de manera inconexa y descoordinada.

Lo que obviamente no tiene ningún sentido para eliminar o para hacer disminuir estos efectos es seguir añadiendo al cuerpo más alcohol y, por lo tanto, más productos de degradación. Quizás el efecto euforizante y anestésico inicial hará que nos parezca que la resaca es menos intensa, pero esto durará muy poco rato y enseguida volveremos a sentir malestar, aumentado por la ingesta adicional que hayamos hecho.

Realmente hay pocas cosas que se puedan hacer con la resaca aparte de tener paciencia y dejar que el cuerpo se vaya deshaciendo del acetaldehído acumulado. Pero una buena estrategia es beber bastante agua. En primer lugar para compensar la deshidratación que causa el alcohol en el organismo. La imagen típica del borracho haciendo pipí no es porque sí, ya que el alcohol deshidrata mucho y es un potente diurético. Pero cuando perdemos mucho líquido, las células empiezan a no funcionar correctamente. En el caso de las neuronas esto también explica algunos de los efectos de la resaca. Por lo tanto, rehidratar el cuerpo es una buena medida para empezar la recuperación.

Pero, además, el acetaldehído se disuelve bastante bien en agua, de manera que si queremos reducir la concentración de acetaldehído que llevamos encima, beber mucha agua ayuda a diluirlo y a hacer que sus efectos sean menores. Esto también explica en parte por qué, generalizando mucho y con todos los casos particulares que queráis, los hombres resisten mejor el alcohol que las mujeres. El cuerpo de la mujer tiene una proporción de grasa mayor que el del hombre, que contiene más agua. Más agua donde diluir el acetaldehído hace que se pueda ir metabolizando con más calma, sin llegar a las concentraciones que se dan en el cuerpo de la mujer si bebe la misma cantidad.

Y puestos a elegir, es mejor un agua que no sea baja en sales minerales, ya que estas también las hemos eliminado y necesitamos recuperarlas. Bebidas isotónicas de las que usan los deportistas también pueden ser útiles. ¡Isotónicas, eh! No las energéticas, que esa es otra historia.

En cambio, ingerir más alcohol del tipo que sea, lo único que hará es aumentar la deshidratación y la concentración de acetaldehído que llevamos encima. Una solución muy poco sensata. Aunque durante una borrachera la sensatez es una de las primeras cosas que desaparecen.

37 / 100

SE TARDA SIETE AÑOS EN DIGERIR UN CHICLE

Como no se cansan de repetir los dentistas, mascar demasiado chicle es cosa mala para los dientes, y tampoco es muy bueno para el estómago, ya que el hecho de masticar induce la secreción de ácidos. En cambio, mascarlo de vez en cuando sirve para aligerar la tensión y para engañar el apetito. Pero si un día nos tragamos un chicle, no hay que sufrir por el hecho de tenerlo paseando dentro de las tripas durante años y años. Tampoco nos irá haciendo un tapón que impida el paso del resto de comida. El chicle hará su camino y encontrará la salida al mismo tiempo que el resto de la comida del día.

La frase seguramente fue una amenaza de unos padres cansados de que el niño siempre estuviera con el chicle en la boca. O quizás fue el razonamiento que hizo alguien al ver cómo quedan los chicles enganchados en el suelo de la calle, negros y adheridos como piedras que no hay manera de eliminar. Si este fuera el destino de los chicles dentro de la barriga, la imagen de un estómago cubierto de manchas negras resultaría particularmente desagradable.

Históricamente, el origen del chicle y también de su nombre, es la resina de un árbol de México que los antiguos aztecas denominaban *tzictli*. Esta resina se podía masticar y se usaba para limpiar los dientes, pero estaba mal visto mascarla en público. Al parecer esto lo hacían únicamente los niños y las prostitutas. De todos modos, otras muchas culturas habían encontrado resinas parecidas que también mascaban para entretenerse.

Durante mucho tiempo, estas resinas fueron la base para hacer el chicle, pero ahora ya tiene una base completamente sintética, hecha a partir de derivados del petróleo. A la pasta base, de composición secreta y que cada fabricante esconde cuidadosamente, se le añaden colorantes, sabores, aromas, edulcorantes y todo lo que salga de la imaginación del fabricante para distinguirlo de la competencia.

Naturalmente, como prácticamente todos estos ingredientes tienen origen sintético, no esperamos que su digestión sea fácil. Además, siempre asociamos la imagen del chicle a cosas pegajosas, de manera que las perspectivas en caso de ingestión parecen poco prometedoras. Pero esto infravalora mucho la capacidad de nuestro sistema digestivo para digerir los alimentos o para eliminar aquello que no se puede digerir.

La goma del chicle no se quedará adherida a las paredes del estómago ni taponará las tripas a no ser que nos traguemos de golpe una cantidad muy considerable. Irá haciendo su camino tranquilamente, los componentes que puedan ser digeridos por nuestras células o por la flora intestinal se degradarán, y el resto acabará siendo expulsado al cabo de pocas horas, al igual que el resto de la comida.

De hecho, algunos chicles sin azúcar pueden hacer el camino incluso más rápido. Como sustituto del azúcar usan sorbitol, que en cantidades elevadas puede causar diarrea, de manera que es mejor controlar la cantidad de este tipo de chicles que nos tragamos o que mascamos.

En realidad, esto de los años para digerirlo es una de las muchas amenazas que se han usado a lo largo de los años para evitar que los niños coman demasiados. Cuando el chicle se empezó a extender como una moda global, también se dijo que agotaba las glándulas salivales y que esto también era peligroso. Una amenaza que, al igual que en el caso de la digestión, tampoco tenía ningún fundamento.

38 / 100

EL AZÚCAR MORENO ES MÁS SALUDABLE QUE EL AZÚCAR BLANCO

Cuando se habla de salud y de azúcar, hay que estar atentos, porque para mucha gente, más sano quiere decir simplemente "que engorda menos". Y en este sentido, los dos tipos de azúcar son prácticamente iguales. No *exactamente* iguales, pero las diferencias son tan pequeñas que en la práctica resultan irrelevantes.

Para conseguir azúcar a partir de la caña de azúcar, las cañas se trituran, se prensan y se les añade agua caliente para extraer toda la sacarosa posible. A partir de aquí, se puede dejar cristalizar y obtendremos el azúcar moreno auténtico. Alrededor del 98% del producto será sacarosa, y el resto será lo que se denomina *melaza*, una película que rodea los cristales de azúcar y que contiene más azúcares, varios minerales y algunas vitaminas. Es la presencia de estos compuestos lo que hace que este azúcar se considere más sano que el blanco, que está más refinado y que ha perdido esta melaza.

Para obtener el azúcar blanco, se necesitan algunos pasos más de purificación, precisamente para eliminar todo lo que no sea sacarosa pura y dura y obtener un azúcar blanco con el 99% de pureza. La purificación se hace añadiendo dióxido de azufre en forma de gas. Esto lo blanquea y ayuda a eliminar las impurezas. A continuación se hace evaporar el agua, se deja cristalizar y los cristales se recogen por centrifugación. Una vez secados, ya tenemos el típico azúcar blanco que añadimos al café.

De todos modos, aún se puede purificar más para obtener el azúcar refinado extrablanco, que es sacarosa en un 99,8% como mínimo.

Pero todo ello resulta un poco engañoso. Las cantidades de vitaminas y minerales que podamos obtener del azúcar son realmente muy bajas. Si intentáramos cubrir las necesidades de estos compuestos únicamente a partir del azúcar tendríamos un problema nutricional muy grave. Por suerte, en la práctica, estas vitaminas y estos minerales no nos hacen ninguna falta, ya que los obtenemos del resto de la comida. Por lo tanto, valorar si preferimos azúcar moreno o blanco por cuestiones sanitarias resulta un poco estrafalario. La decisión tendría que ser básicamente por las preferencias en el gusto, o incluso estéticas.

Y, además, hay que tener cuidado. Como se afirma que uno es más saludable que otro, muchas veces se comercializa azúcar moreno que, en realidad, es azúcar blanco ya refinado al cual añaden posteriormente una capa de melaza para darle el color oscuro característico. De manera que si preferís el azúcar moreno, es importante leer atentamente el etiquetado para saber exactamente qué tipo de azúcar nos están ofreciendo.

Del azúcar a menudo se dice que únicamente aporta calorías vacías. Esto suena muy mal, pero en realidad lo único que indica es que, del azúcar, obtendremos energía pero no nutrientes a partir de los cuales poder sintetizar otros compuestos necesarios. En una dieta normal no hay ningún problema en incluir azúcar, siempre que sea en cantidades moderadas. Y si haces una dieta normal, mínimamente equilibrada, las diferencias nutritivas entre el azúcar moreno y el blanco ya no tienen prácticamente ninguna relevancia.

Teniendo esto en cuenta, simplemente habrá que elegir si nos apetece más rubio, moreno, blanco, refinado, de grano pequeño, de grano grueso... Hay muchas variedades de azúcar que nos permiten jugar con los matices y sofisticarlo tanto como queramos a la hora de servirlo.

MITOS DE ANIMALES

39 / 100

LOS CAMALEONES ADOPTAN EL COLOR DEL FONDO

Los camaleones son unos animales extraños y fascinantes. Observarlos atentamente durante un rato nos regala un puñado de sorpresas. Unos ojos prominentes que se mueven independientemente el uno del otro y que hace que adopten unas caras de lo más extrañas y divertidas. Una lengua más larga que su cuerpo, que tienen enroscada dentro de la boca y que pueden disparar para capturar insectos a distancias sorprendentemente grandes. Unas patas con zarpas muy adaptadas para asirse a las ramas y permanecer inmóviles durante largos ratos...

Pero lo más sorprendente, y lo que les ha hecho más conocidos, es la capacidad que tienen para cambiar el color de su piel. Una característica absolutamente intrigante.

De todos modos, a los humanos no nos parecía un animal suficientemente extraño y nuestra imaginación ha añadido alguna característica adicional. O quizás interpretamos las cosas de la manera que nos parecía más lógica y después no nos tomamos la molestia de rectificar. Pero el caso es que los camaleones, cuando cambian de color, no es exactamente para confundirse con el terreno.

En realidad, el color de partida de los camaleones ya es un buen camuflaje. La mayoría tienen tonalidades verdosas o marrones. Naturalmente, y en gran parte, esto depende del ámbito donde vivan, pero de entrada ya cuesta bastante ver un animal con un color parecido al de las hojas o las ramas y que, además, se está completamente inmóvil durante mucho rato.

Pero las células de la piel del camaleón presentan la capacidad de modificar la cantidad de pigmento que muestran. Son un tipo particular de células denominadas *cromatóforos* que tienen pigmentos de diferentes colores. En respuesta a determinados estímulos estas células pueden contraerse o bien expandirse para mostrar una mayor o menor superficie de color. Al tener de dos o tres colores diferentes las combinaciones son variadas y el resultado es un cambio de color de diferentes zonas de la piel bastante espectacular. Como además se controla por vía nerviosa, pueden oscurecer o aclarar su aspecto muy rápidamente.

Esta capacidad les podría permitir confundirse aún más con el terreno, pero en realidad los camaleones modifican el color en respuesta sobre todo al estado anímico. Cuando se sienten amenazados, cuando están irritados o según su estado de receptividad sexual es cuando alteran el color. Una especie de señal de aviso para los que lo rodean. Una forma de recordar que, si te acercas, te clavaré un mordisco, o una manera que tienen las hembras de indicar a los machos que se encuentran en un momento receptivo y que pueden acercarse sin peligro de recibir un zarpazo.

La realidad es que estos cambios de color tienen una función principalmente de comunicación con otros animales.

Por esto, cuando los humanos cogen un camaleón y lo empiezan a poner sobre diferentes superficies, la decepción suele ser lo más habitual. Generalmente no se observan cambios de color o, si los hay, no son para adquirir el color del fondo. En realidad únicamente indican que el animal se siente incordiado y que quiere que lo dejen en paz. Alguna vez el color coincide, por casualidad, con el de la superficie donde lo han puesto, y entonces todo el mundo queda contento y satisfecho de ver justo lo que se esperaba.

Y cuando nos preguntamos qué color cogerá un camaleón si lo ponemos sobre un espejo, pues depende. Si el animal ve el reflejo y se siente amenazado, puede ser que cambie de color. Será una amenaza, aunque la mayoría de los observadores humanos no lo interpretarán así.

Esta capacidad de cambiar de color no es exclusiva de los camaleones. Los pulpos, por ejemplo, también lo hacen, y de una manera aún más espectacular. E incluso los humanos también lo hacemos en cierta manera. Cuando nos sentimos avergonzados, la piel de la cara enrojece. Un cambio de color que, al igual que en el caso de los camaleones, no es para confundirnos con el fondo sino para demostrar, aunque nos dé rabia, un estado anímico.

40 / 100

LOS GATOS SIEMPRE CAEN DE PIE

Este mito es en el fondo una sencilla exageración. Los gatos no siempre caen de pie. Y cualquiera que tenga gatos y no sea un fanático podrá confirmarlo. Ahora bien, aunque no siempre caigan de pie, los gatos son de los animales que presentan una mayor eficacia a la hora de rectificar su postura en el aire para caer sin hacerse daño.

Sin embargo, que sean de los más habilidosos a la hora de caer no implica que siempre caigan bien. Si la caída es desde una distancia no muy grande, el gato simplemente no tendrá tiempo de rectificar la posición y caerá de cualquier manera. Un gato que caiga desde un segundo piso seguramente caerá sobre las cuatro patas, pero si la caída es desde la cama muy probablemente caerá de lado. En la práctica da igual, puesto que la caída es desde poca altura y no se hará daño.

De todos modos, el mito refleja lo que fue un problema durante mucho tiempo. La habilidad de los gatos para rectificar la posición del cuerpo mientras caían resultaba tremendamente desconcertante. Es muy fácil corregir la posición si tenemos un punto donde apoyarnos. Pero sin ningún lugar donde hacer fuerza las cosas se complican muchísimo. Durante mucho tiempo, simplemente no se sabía cómo lo hacían los gatos.

Tanto es así que, en 1894, la Academia de Ciencias de París convocó un concurso público para encontrar una explicación física de cómo se lo hacía el animal para caer de cuatro patas. Se necesitaron imágenes detalladas del movimiento que hacen a medida que caen para poder entender cómo, en menos de medio segundo, pueden ponerse en la posición correcta.

El principal problema era un detalle técnico de la física que obliga a que el momento angular del cuerpo se conserve. En la práctica esto quiere decir que, si un cuerpo está cayendo sin más, únicamente puede girar una parte del cuerpo si hay otra parte que se mueve en sentido contrario.

Durante un tiempo se pensó que la clave estaba en la cola. Que la movían como si remaran en el aire y que esto les permitía rectificar la posición del resto de su cuerpo. Pero esta explicación tampoco servía: los gatos sin cola también caen de cuatro patas. Quizás les cuesta algo más, pero pueden hacerlo, de manera que la cola no es imprescindible.

Al final resultó que los gatos, además de tener un esqueleto extraordinariamente flexible, como saben todos aquellos que han cogido un gato relajado, saben aprovechar todos los recursos de la física para moverse sin violar ninguna ley de la mecánica.

Lo primero que hace un gato al caer es estirar las patas traseras de manera perpendicular al cuerpo. Al mismo tiempo, encoge las patas delanteras. Esto tiene un efecto importante a la hora de controlar el momento angular, ya que el modo como responderán la parte delantera y la parte trasera será diferente. ¿Habéis visto alguna vez a los patinadores cómo giran? Un movimiento espectacular es cuando van girando sobre sí mismos, juntan los brazos al cuerpo y, repentinamente, aceleran mucho la velocidad del giro. Esto es porque el momento angular depende de la manera cómo se distribuye la masa respecto al eje de giro. Cuando el patinador junta los brazos, hace que esta distribución se modifique, y, para mantener el momento constante, la velocidad aumenta.

Pues el gato hace lo mismo, pero por partes. Al tener unas patas estiradas y las otras encogidas, puede girar la parte delantera del cuerpo hasta ponerse encarado al suelo. Esto implicará que la parte trasera también gire en sentido contrario, pero como las patas están estiradas, el giro será mucho menor.

A continuación el gato cambia la disposición de las patas. Encoge las traseras y estira las de delante. Así puede girar la parte posterior del cuerpo con poco efecto sobre la anterior. Al final acaba encarado hacia el suelo y con las patas a punto para absorber el impacto de la caída.

Sin embargo, está claro, todo esto requiere un tiempo. De manera que si la caída tiene lugar desde poca altura el gato no tendrá tiempo a rectificar su posición y podremos ver un gato cayendo de espaldas.

41 / 100

LOS AVESTRUCES ESCONDEN SU CABEZA BAJO TIERRA CUANDO SIENTEN EL PELIGRO

Esto incluso ha generado refranes y frases hechas. Cuando decimos que alguien esconde la cabeza como los avestruces, indicamos que actúa de la manera más tonta posible. No mira el peligro y así le parece que no lo hay. La consecuencia ha sido que el pobre avestruz ha pasado a representar el paradigma de la tontería. Es una idea que inculcamos a los niños desde muy pequeños mostrándoles dibujos animados o cuentos donde un avestruz ve un peligro, pone cara de asustado y, sin más, esconde la cabeza bajo tierra.

Pero el caso es que, en la vida real, nadie ha visto nunca un avestruz actuar de este modo.

Y si lo pensamos un momento nos damos cuenta de que es normal, puesto que cualquier animal que desarrollara esta estrategia ante el peligro resultaría una presa facilísima para los depredadores y se extinguiría en dos días.

Lo más curioso es que en el ideario popular se haya adjudicado al avestruz este comportamiento, ya que es un animal que dispone de maneras mucho más efectivas de afrontar el peligro. La primera solución que tiene un avestruz frente a un depredador es la fuga. Con sus patas tan largas y potentes, puede alcanzar una velocidad suficientemente alta como para desanimar al depredador más hambriento. Un animal que puede correr a noventa kilómetros por hora durante media hora ¡no se quedará paradito con la cabeza bajo tierra!

La segunda opción de la que dispone también está relacionada con las patas. En el caso de encontrarse acorralado, el avestruz puede soltar unas coces terribles y usar las zarpas sin ningún escrúpulo. De manera que no intentéis nunca acorralar un avestruz cabreado porque tenéis las de perder. A buen seguro no esconderá su cabeza bajo tierra, ni bajo el ala, ni en ninguna parte.

La pregunta entonces es: ¿cómo se ha originado este mito? Su origen puede estar relacionado con una tercera estrategia que el avestruz pone en práctica al detectar el peligro. Como su largo cuello es muy visible en un prado, lo que hacen para pasar desapercibidos es bajar la cabeza y ponerla sobre el cuerpo. De este modo pueden observar a los depredadores, a la vez que ellos mismos resultan menos visibles.

Otra posibilidad está relacionada con el hecho de que estos animales excavan sus nidos en el suelo. Un nido de avestruz es una gran cavidad en el suelo en la que unas cuantas hembras depositarán entre treinta y cuarenta enormes huevos que el macho empollará con la ayuda de una de las hembras. El macho es el encargado de realizar el agujero; una ardua tarea. Y seguramente en algún momento excava con el pico para agrandar el nido.

Quizás algún aficionado al dibujo naturalista de hace un siglo vio un avestruz en una de estas posiciones, le añadió un poco de imaginación y lo dibujó con la cabeza bajo el ala o bajo tierra. Como la imagen resulta muy curiosa, enseguida se popularizó y se empezó a reproducir una y otra vez.

Imagino que fue entonces cuando empezó a tomarse esta imagen como una manera de mostrar una actitud timorata ante el peligro, y cuando dio lugar a la frase hecha que quedó ya definitivamente grabada en el inconsciente colectivo. Una imagen que seguramente debe ser ofensiva para los avestruces, pero como no pueden opinar…

42 / 100

LOS MURCIÉLAGOS SON CIEGOS

A pesar de que tienen mala fama, que su fisonomía es francamente fea y que las leyendas que los rodean suelen ser de lo más oscuras, al menos hay una cosa que admiramos de los murciélagos: su fantástica capacidad de orientarse gracias al eco. Un fenómeno denominado *ecolocalización* que otros animales también presentan, pero del que los murciélagos son el principal exponente. Sobre todo si excluimos los mamíferos marinos.

Es muy conocido que, a la hora de volar, el murciélago detecta sus presas y los obstáculos gracias a los sonidos que emite y el eco que puede detectar. Su oído escucha los ecos y forma una imagen equivalente a la que nosotros formamos con la luz y los ojos. Así, hay experimentos en los que se puede ver un murciélago volando perfectamente con los ojos tapados, pero chocando con los obstáculos si lo que se le tapa son las orejas.

Pero una cosa es que tengan un sentido de ecolocalización extraordinario y otra cosa muy diferente es que este sea el único sentido del que disponen. Ciertamente, hay algunas especies de murciélagos que viven en cavernas y que tienen los ojos totalmente atrofiados. Viven en un lugar donde no hay luz y, al igual que la mayoría de la fauna troglodita, han perdido la capacidad de usar un sentido que en realidad no usaban nunca. Pero estos son una excepción. Son ciegos no por ser murciélagos, sino porque viven en cuevas.

El resto de murciélagos, la gran mayoría, aquellos que vemos en los atardeceres volando mientras devoran mosquitos y otros insectos, sí que tienen el sentido de la vista funcional. Ciertamente, para orientarse y para cazar, su sentido principal es la ecolocalización, pero la vista también la usan.

Nosotros somos animales eminentemente visuales, pero esto no quiere decir que no usemos el oído o el olfato simultáneamente con la vista. Un ruido fuerte nos puede hacer girar, y podemos ir siguiendo el sonido de unas pisadas o encontrar una catarata no por la vista, sino siguiendo el ruido del agua. Incluso con el tacto, percibiendo la humedad, podemos orientarnos en ocasiones para saber la dirección de un río o del mar.

Pues a los murciélagos les pasa lo mismo. Cuentan con un sistema de navegación extraordinario que nos cuesta imaginar, pero esto no significa que sea el único sentido que pueden usar. El problema lo tenemos nosotros y nuestra tendencia a simplificar las cosas. Si el murciélago puede localizar los mosquitos gracias al eco, nos parece fabuloso y damos por hecho que el resto de los sentidos son irrelevantes. Por lo tanto, asumimos que no los tienen.

Pero los murciélagos no son ciegos. No han perdido los ojos ni la capacidad de ver. La vista les es muy útil para volver a sus madrigueras, para orientarse en largas distancias y para otras muchas actividades. Además, durante mucho tiempo se pensó que únicamente veían en blanco y negro, ya que no disponen de las células especializadas en captar luces de diferentes longitudes de onda, pero recientemente se ha visto que en realidad sí pueden discriminar colores, e incluso pueden captar imágenes en la parte del ultravioleta. De forma que, aunque seguramente las imágenes que forman sus ojos no sean tan perfectas como las nuestras, al menos ven un abanico de colores que nosotros no captamos.

Bien pensado, sería muy interesante poder imaginar cuál es la imagen mental que se hace el murciélago de lo que le rodea. Una imagen generada a partir de información visual en colores que nosotros no captamos y de información auditiva con unos ecos que nosotros no percibimos.

El resultado final de todo esto ha de ser, con seguridad, un mundo muy particular.

43 / 100

LOS LEMMINGS SE SUICIDAN EN MASA LANZÁNDOSE AL MAR CUANDO HAY UN EXCESO DE POBLACIÓN

Hay ocasiones en que los animales tienen comportamientos extraños y contrarios a lo que nos parecería lógico. También hay que decir que normalmente, cuando conocemos algo mejor su forma de vida, el ecosistema donde se mueven, sus necesidades y sus hábitos de reproducción o de alimentación, acabamos por comprender el motivo de su comportamiento. El problema es que los humanos tenemos una gran tendencia a "humanizar" a los animales, a pensar que actúan según nuestros parámetros, y entonces resulta muy fácil que interpretemos erróneamente aquello que estamos viendo. Todo un clásico en este tipo de comportamiento extraño que interpretamos de manera incorrecta es el suicidio en masa de los lemmings.

Los lemmings son unos animalitos muy simpáticos que viven en las zonas más septentrionales de Europa, América y Asia. En ocasiones los podemos encontrar en grandes cantidades, en las tundras, las taigas y las praderas árticas. Se alimentan de hierbas y raíces y se dedican a excavar túneles donde construyen sus madrigueras. Normalmente viven su vida sin buscarse problemas, alimentándose, reproduciéndose e intentando evitar que sus depredadores, zorros o búhos, se los coman.

Pero todas las comunidades de animales tienen ciclos más o menos pronunciados. Si un año hay poca comida, la población de lemmings disminuye. Esto hace que sus depredadores se queden sin comida, y su número también se reduce. La consecuencia es que, en los años siguientes y si no pasa nada especial, volverá a haber comida disponible, al tiempo que habrá un menor número de depredadores. En estas condiciones la población puede volver a aumentar mucho. Naturalmente esto es fantástico para los depredadores, que podrán disponer de alimento abundante de manera que su población volverá a aumentar. Cuando esto suceda, el ciclo volverá a empezar.

Esta secuencia en el caso de los lemmings es un poco especial debido a su capacidad de reproducción. Una hembra puede tener varias camadas en un año, y cada una puede llegar a ser de hasta una docena de crías. De manera que, cuando las condiciones son particularmente buenas, esto es, cuando hay mucha comida y pocos depredadores, la población puede experimentar un aumento espectacular.

Cuando esto sucede, la densidad de lemmings llega a niveles insostenibles y el instinto les empuja a buscar nuevos lugares donde encontrar comida. Es entonces cuando tienen lugar las grandes migraciones de estos pequeños animales, que se desplazan siguiendo unos itinerarios que les empujan a cruzar todo tipo de obstáculos. El gran grupo de lemmings cruza ríos e incluso lagos, y dicen que cuando llegan a los acantilados de la costa dudan un momento, pero que se acaban lanzando al mar, empiezan a nadar e intentan llegar al otro lado. Quizá piensen que se trata de un río y naden hasta el agotamiento. Al final, el mar queda lleno de cadáveres de lemmings que, agotados, acaban ahogándose. Un sistema cruel de restablecer unos niveles normales de población.

Una historia espectacular que quedó plasmada en una aún más espectacular película de la factoría Disney.

Pero las cosas no son como parecen.

Para empezar, los lemmings no son tan tontos. Se ha visto que efectivamente pueden saltar al agua para cruzar ríos, pero esto parece que únicamente lo hacen si ven la otra orilla y les parece que pueden llegar. A veces hay corrientes, cambios en el viento o fenómenos parecidos que les impiden llegar, y entonces efectivamente se pueden ahogar. Pero en ningún caso se trata de un suicidio colectivo.

Y el caso de la película de Disney es un buen ejemplo de cómo los humanos vemos lo que esperamos ver y, en caso contrario, arreglamos las cosas para que encajen en nuestro esquema. En la filmación los lemmings efectivamente saltaban al mar, pero era porque miembros del equipo de filmación estaban (fuera del ángulo de la cámara) empujándolos a hacerlo.

En resumen: primero había un mito, y cuando hicieron la película forzaron las cosas no para mostrar la realidad, sino aquello que esperábamos a raíz del mito. Así se acabó de consolidar la leyenda.

44 / 100

LOS CAMELLOS ALMACENAN AGUA EN LA JOROBA

Tanto los camellos como los dromedarios presentan una serie de adaptaciones extraordinarias que les permiten resistir con vida en uno de los ambientes más hostiles que existen en nuestro planeta: los desiertos. Allí donde la mayoría de animales morirían en poco tiempo por deshidratación, los camellos pueden sobrevivir sin problemas. Una característica que históricamente ha resultado imprescindible para permitir a los humanos adentrarse en estas inmensas extensiones de arena ardiente.

Al tener en común camellos como dromedarios el hecho de que aguantan muchos días sin necesidad de beber agua, y también el hecho de tener joroba, parecía evidente que alguna relación debía de tener la joroba con la resistencia a la sed. Además, después de muchos días sin beber, se puede observar cómo las jorobas empiezan a adelgazar, a deshincharse, e incluso pueden llegar a colgar por un lado. De manera que alguien pensó una explicación razonable. La joroba podía contener una reserva de agua que el camello iba consumiendo mientras estaba en el desierto y no podía beber.

Razonable, pero incorrecto.

En realidad, lo que acumulan en la joroba estos animales es básicamente grasa. Y esta grasa juega un papel importantísimo en la resistencia de estos animales. Para empezar, actúa como una capa aislante. Si miráis imágenes de rebaños de camellos en el desierto, podréis observar que casi todos están dispuestos mirando hacia el mismo lugar. Lo que pasa en realidad es que intentan exponer la mínima superficie posible del cuerpo hacia los rayos del Sol y, además, que estos rayos caigan justamente sobre la joroba, que hace de aislante y evita que el calor llegue directamente al cuerpo.

Hay otras adaptaciones. Y una de las más importantes es la gran deshidratación que pueden resistir. Nosotros podemos perder sudando como máximo un 4% del peso, de manera que alguien de 75 kilos puede perder como máximo 3 kilos a base de perder agua. Si intenta ir más allá, tiene lugar la muerte por deshidratación.

Pero un camello puede perder ¡hasta el 25% de su peso! Y, encima, no se pone a sudar hasta que su cuerpo llega a los 41 °C, una temperatura que a nosotros ya nos traería muchos problemas para mantener el funcionamiento normal del cuerpo.

Pero volvamos a la grasa de la joroba. Cuando los camellos llevan días sin comer recurren, al igual que nosotros, a las reservas de grasa. Pero si analizamos la manera como el metabolismo consume la grasa notaremos algo interesante. A medida que los ácidos grasos se van oxidando, aparecen moléculas de agua como subproducto de la reacción. A esta agua se la denomina *agua metabólica,* ya que se genera por acción del metabolismo y no porque la hayamos ingerido.

Pero es agua, y los camellos se las han ingeniado para aprovecharla al máximo. Por cada kilo de grasa de la joroba generan casi un litro de agua metabólica. Un agua que usan sobre todo para dejar que se evapore, enfriando así el cuerpo y ayudando a mantener la temperatura corporal a niveles que les permitan sobrevivir.

Por esto, a medida que pasan los días sin comer ni beber, la joroba se va deshinchando. Simplemente el animal va consumiendo la grasa que había almacenado. Y cuando pueda volver a alimentarse, la joroba volverá a rellenarse lentamente con la grasa que le da la consistencia característica. Finalmente hay que recordar que con respecto al agua un camello tampoco está para bromas: de una sola vez puede llegar a beber ciento cincuenta litros para recuperar el nivel hídrico normal del cuerpo.

Pero esta agua no irá a la joroba. La joroba solo recuperará su tamaño con la grasa que fabrique a partir de la hierba que coma.

45 / 100

LA MEMORIA DE LOS PECES SOLO DURA UNOS POCOS SEGUNDOS

Es una excusa cada vez más frecuente que alguien justifique un olvido diciendo que "tiene memoria de pez". Por algún motivo, ha calado la idea de que los peces tienen una memoria muy limitada, que en pocos segundos olvidan todo lo que aprenden, y que viven en un constante momento a momento en el que no se acumulan los recuerdos del pasado. A esta idea, seguramente ha contribuido la simpática, y a veces irritante, Dory, de la película *Buscando a Nemo*. Cuando un concepto aceptado de manera más o menos general aparece en una película de animación, ya queda del todo consagrado.

En el fondo, a muchos les parece que no tiene nada de sorprendente. Al fin y al cabo, vemos los peces como unos animales que no son particularmente brillantes. Se mueven por el mar abriendo y cerrando la boca con ademán más o menos tonto sin hacer otra cosa que nadar, comer y reproducirse. Además, su cerebro es pequeño, de manera que una memoria limitada no parece sorprendente.

Naturalmente, quien piensa esto es que no conoce casi nada de los peces, o que los ha visto únicamente cocinados, servidos en un plato y cubiertos de ajo y perejil.

En realidad, la frase "tener memoria de pez" no quiere decir prácticamente nada a no ser que especifiquemos de qué tipo de peces hablamos. ¿De sardinas? ¿Salmones? ¿Caballas? ¿Rapes? ¿Pirañas? ¿Peces espada? ¿Tiburones? Son especies muy diferentes, con costumbres diferentes, hábitos alimentarios diferentes y sistemas nerviosos diferentes. Hablar de peces en general es como hablar de mamíferos. Los hay de muchos tipos, y no podemos generalizar. ¿Tendrá la misma memoria un hámster que un elefante?

Además, cualquiera que tenga peces puede notar que efectivamente muestran un cierto grado de aprendizaje. Los hay que cuando ven que la tapa del acuario se abre ya se acercan para buscar la comida que seguramente caerá. Esto quiere decir que tienen una cierta memoria. En Vilanova i la Geltrú hay un lugar donde exhibían una carpa a la que daban agua en un porrón. Si el animal lo había aprendido podemos concluir que tenía una memoria de más de tres segundos.

Y, más seriamente, se han hecho experimentos para intentar entrenar a peces a tener determinados comportamientos. Como se podía esperar, lo que encontraron es que diferentes especies tienen niveles de memoria diferentes. En realidad, incluso en una única especie de peces se pueden llegar a diferenciar caracteres. En el grupo hay los dominantes, los tímidos, los astutos… A pesar de que hay que tener cuidado a la hora de adjudicar estos adjetivos tan humanos a comportamientos animales, de lo que no cabe duda es que tienen caracteres diferentes.

Cuando hablamos de memoria hay que precisar, además, de qué tipo de memoria hablamos. Los humanos tenemos diferentes tipos de memoria. A corto plazo, a largo plazo, inmediata… Parece que esto lo compartimos con la mayoría de mamíferos, pero los peces también presentan diferentes categorías de memoria que se pueden entrenar. El problema es que con este tipo de animales cuesta mucho averiguar si un comportamiento está causado por una memorización o por otras cosas, un problema que nos encontramos también a la hora de afirmar que no tienen memoria. ¡Podría ser que lo que no tengan es interés!

De todos modos, lo más probable es que todo ello tenga el origen en la dificultad a la hora de definir qué consideramos memoria y cómo la medimos. Si alguien tiene problemas para entrenar a un pez a asociar un color con la comida, ¿esto quiere decir que no tiene memoria? O si, por el contrario sí consigue entrenarlo, ¿esto indica que aquel pez tiene una memoria parecida a la nuestra?

El simple hecho de que se pueda entrenar peces a asociar un ruido con la comida y que meses después aún respondan al estímulo indica que algún tipo de memoria a largo plazo tienen.

Y que la pobre Dory no era un caso general, sino un pez con problemas de amnesia particulares.

46 / 100

LOS ESCORPIONES, SI SE QUEDAN RODEADOS POR EL FUEGO, SE SUICIDAN CLAVÁNDOSE EL AGUIJÓN

De nuevo, un mito basado en observar un hecho y hacer una deducción completamente errónea por el simple hecho de interpretarlo desde un punto de vista totalmente humanizado. Si la picadura del escorpión puede causar la muerte y si un escorpión rodeado de fuego se clava el aguijón y muere, tiene todo el aspecto de un suicidio, ¿no? Un comportamiento comprensible para evitar la agonía del fuego.

Pero esto sobrevalora muchísimo la capacidad de razonamiento que pueda tener un escorpión. Y no tiene en cuenta varios detalles de la fisiología de los escorpiones y de sus venenos.

Como siempre, hay que empezar recordando que existen escorpiones de muchas especies. Los hay que son perfectamente inofensivos, como los *Euscorpius flavicaudis*. Otros, como los *Buthus occitanus*, ya hacen daño con la picadura, anque no ponen en peligro la vida de una persona. Finalmente, otras especies, como por ejemplo los *Centruroides noxius* o los *Centruroides elegans* que habitan en Centroamérica, sí disponen de un veneno lo bastante potente como para causar la muerte de una persona.

El veneno del escorpión es una mezcla de productos que suele actuar como una neurotoxina, un tóxico que interfiere en el funcionamiento de las neuronas. En algunos casos es muy potente y rápido, por lo que en el caso de la picadura de un escorpión hay que administrar el antídoto rápidamente.

Pero por muy impresionante que sea este veneno, solo lo es desde nuestro punto de vista. Como es lógico, el veneno de escorpión tiene poco efecto sobre el propio escorpión. Los organismos fabrican productos que maten a sus enemigos, pero que no les afecten a ellos mismos. Resultaría demasiado peligroso para una especie ir con un tóxico letal almacenado dentro del cuerpo.

Muy bien, pero el caso es que si rodeamos a un escorpión con fuego, podemos ver como finalmente se clava el aguijón y muere. La cuestión es: ¿realmente las cosas suceden así?

Estamos tan acostumbrados a asociar la picadura del escorpión con la muerte que se da por hecho que las cosas siempre van en este orden. Pero, en el caso del fuego, la secuencia es más bien al revés.

Los escorpiones son animales que no regulan la temperatura corporal. Por esto buscan lugares cálidos para poder mantener el metabolismo funcionando en condiciones óptimas. Necesitan calor al igual que nosotros para que el organismo funcione. Y, al igual que a nosotros, un exceso de calor tampoco les es bueno. Incluso les puede causar la muerte cuando las proteínas pierden su estructura.

Un escorpión rodeado por el fuego sufre un aumento importante de la temperatura de su cuerpo. Un aumento que no puede regular de ninguna manera. Y si la llama está lo bastante cerca, simplemente quedará frito. Cuando esto ocurre, las proteínas de su cuerpo se alteran y la forma de su exoesqueleto se modifica y se contrae como si fuera un *rigor mortis*.

Esta contracción que tiene lugar a la hora de morir hace que el aguijón se incline sobre la espalda del animal. Si el calor es lo bastante intenso incluso puede clavárselo un poco. Pero, en realidad, no hace falta que lo haga. El efecto es suficientemente notable como para desencadenar la imaginación de los humanos que lo miran y que ven que el animal se está clavando el temido aguijón.

Al suceder esto en el momento de morir, es fácil pensar que primero se ha clavado el aguijón y a continuación ha muerto. La realidad es que el animal, al morir, ha arqueado la espalda y ha quedado como si se clavara el aguijón. Nada de suicidio. Lo que sucede es mucho menos poético y, por supuesto, ningún acto premeditado.

47 / 100

LAS SERPIENTES BAILAN AL SON DE LA MÚSICA DE LOS ENCANTADORES DE SERPIENTES

Pues, de entrada, la respuesta a este mito es muy sencilla. Las serpientes son sordas, completamente sordas, tan sordas que ni siquiera tienen oído, de manera que seguro que no bailan al son de la música.

La sordera de las serpientes no es muy conocida, y hasta hay personas que tienen serpientes como mascotas y que afirman que les hablan y que ellas les hacen caso. Una vez más, interpretamos las cosas desde nuestro punto de vista, ignorando olímpicamente los hechos de la fisiología.

Pero el espectáculo de los encantadores de serpientes, sobre todo en la India, es muy espectacular. El animal venenoso, una cobra o similar, sale de la caja moviéndose rítmicamente mientras el encantador va tocando con la flauta una determinada melodía. Si no es por la música, ¿por qué motivo la serpiente muestra este comportamiento?

Lo más probable es que la clave no haya que buscarla en la música, sino en los movimientos de la flauta. Los encantadores no permanecen quietos mientras tocan, sino que van moviendo la flauta rítmicamente al son de la música. Desde el punto de vista de la serpiente, seguramente se limita a hacer frente a un objeto que se mueve y que podría ser amenazante. Al fin y al cabo, la posición de defensa de estas serpientes es precisamente alzar la cabeza y parte del tronco y enfrentarse a la presa o al enemigo, siempre manteniendo una posición y una distancia que les permita atacar si la cosa va mal. Precisamente lo que hacen ante la flauta del encantador.

Esto podría ser peligroso para el encantador. La serpiente suele ser venenosa y muchos espectáculos finalizan tomando la serpiente para mostrar sus colmillos venenosos y demostrar que no se los han arrancado. Sobre este tema es difícil generalizar, ya que seguramente hay diferentes estrategias posibles. En muchos casos hacen que antes de la actuación las serpientes muerdan algún objeto a fin de vaciar los colmillos de veneno. Estos animales disponen de unas glándulas donde almacenan el veneno que inyectan con los colmillos como si fueran jeringuillas. Pero después de un mordisco, requieren un cierto tiempo para volver a llenar las glándulas de veneno. Durante este periodo, el encantador puede manipular el animal sin peligro.

Para explicar el movimiento de la serpiente hay otras posibilidades, además de la flauta. La flauta es lo que nos llama la atención a los humanos, pero la serpiente ve el mundo de forma diferente a la nuestra. Aunque sean sordas, cuentan con otros sentidos de los que nosotros no disfrutamos, y uno de ellos es la capacidad de detectar las fuentes de calor. Parte del ambiente que les rodea lo ven como si fuera a través de una cámara de infrarrojos. Una capacidad muy útil que hace que los animales que intentan pasar desapercibidos mimetizándose con el terreno sean perfectamente visibles por la serpiente, que detecta el calor que desprende el animal y no el color que luce.

Tal vez la serpiente siga el movimiento del encantador y no el de la flauta. El encantador acostumbra a mover los brazos y el cuerpo al ritmo de la melodía y la serpiente se mueve en consecuencia. Los espectadores ven una flauta y oyen una música, y toda su atención se centra en esto. Pero la serpiente, que no oye la música y a quien una flauta que no emite calor le debe de parecer poco interesante, debe de estar más interesada en la criatura que tiene delante, el encantador que se va moviendo lentamente hacia un lado y hacia el otro. Y, por si acaso, ella va adoptando una posición de defensa que modifica constantemente a medida que la posición del encantador también cambia.

Al final es difícil saber qué piensa una serpiente, pero si hacemos un poco de esfuerzo, podremos descartar lo que no piensa.

48 / 100

LOS ANIMALES TIENEN UN SEXTO SENTIDO QUE LES AVISA DE LAS CATÁSTROFES NATURALES

Una de las imágenes típicas que se asocian con terremotos, huracanes o tsunamis es la de grupos de animales exhibiedo un comportamiento extraño antes de que llegue la catástrofe. Enseguida imaginamos grupos de animales salvajes huyendo de la zona, manadas de pájaros oscureciendo el cielo al marchar volando, y animales domésticos golpeándose contra los cercados en un intento desesperado de huir de la zona donde ellos saben que algo está a punto de suceder.

Horas después, cuando el drama ya se ha consumado, los supervivientes se dan cuenta de que los animales ya preveían lo que se acercaba. Por desgracia, los humanos, que ya no sentimos las señales que nos envía la naturaleza, no les hicimos caso y el precio fue un gran número de víctimas.

Puesto que aparentemente los animales notaron algo que los humanos no percibían, deducimos que tienen un misterioso sexto sentido. Una manera de saber que algo no va bien y que lo mejor es huir de la zona. Un sexto sentido inexplicable pero muy real para cualquiera que viera el nerviosismo que mostraba el ganado.

Pero seguramente este sexto sentido no es más que un uso eficiente de los sentidos normales. Y, con toda seguridad, su eficacia está muy exagerada en nuestra imaginación. Ciertamente muchos animales se comportan de manera sorprendente antes de una catástrofe natural, pero no todos y no siempre. Cuando tuvo lugar el tsunami del año 2004, que golpeó las costas del océano Índico, la respuesta de los animales fue muy variada. Para empezar, muchos animales salvajes murieron ahogados. Ningún sexto sentido les avisó de nada, o tal vez el aviso llegó demasiado tarde.

En cambio, otros animales buscaron refugio en zonas alejadas de la costa. ¿Esto indica algún tipo de presentimiento? Pues probablemente la explicación es más sencilla. Los humanos disponemos de un oído razonablemente bueno, pero el margen de longitudes de onda que podemos captar es relativamente limitado. Otros animales pueden detectar sonidos mucho más graves que nosotros y tal vez esto fue lo que les salvó la vida. Probablemente la explicación es que algunos animales, como los elefantes y otros, pudieron oír la vibración causada por las olas que se aproximaban desde el fondo del mar. Para nosotros aquella vibración era completamente inaudible, pero para algunos animales era perfectamente detectable y, con toda seguridad, profundamente inquietante o amenazadora.

Los animales que oyeron la ola pudieron alejarse y salvarse. No era un sexto sentido, simplemente usaron sus oídos.

Otras veces lo que detectan es el cambio en la presión atmosférica. Cuando se aproxima una tormenta tiene lugar un rápido descenso de la presión atmosférica. De hecho, cuanto más intensa y rápidamente baje la presión, más fuerte será la tormenta. Y hay muchos animales que pueden detectar estos cambios. Los insectos vuelan nerviosos, al igual que las aves e incluso los humanos los notamos en forma de dolor de cabeza, dolor en las articulaciones y tensión en el ambiente.

Si todo esto lo notan los animales en una tormenta normal, aún más cuando lo que se acerca es un huracán, el hermano mayor de todas las tormentas. La caída de presión es más intensa que nunca, y los animales lo perciben. En realidad muchas personas también lo notan, aunque no acaben de comprender lo que les pasa.

En el caso de los terremotos, lo que los animales detectan poco antes del seísmo son las alteraciones en el campo eléctrico de la Tierra. Obviamente, esto se aplica únicamente a los animales que disponen de sistemas que les permiten notar campos eléctricos. Este es un método que algunos animales usan para orientarse y otros lo usan para detectar presas. De nuevo, no se trata de un sentido misterioso, sino de la aplicación de los sentidos que habitualmente tienen los animales para su vida diaria. Unos sentidos que nosotros no tenemos, o que usamos de manera diferente.

49 / 100

LOS ELEFANTES, A LA HORA DE MORIR, SE DIRIGEN A LOS CEMENTERIOS DE ELEFANTES

Cuentan que los elefantes, y en particular los más viejos, cuando sienten que les llega la hora de morir abandonan el rebaño y se dirigen, guiados por un instinto ancestral, a un lugar concreto que únicamente conocen ellos, donde descansan los restos de otros congéneres. Allá pasarán los últimos días de su vida rodeados de los esqueletos de otros muchos elefantes que antes fueron allí también a morir. Como es previsible, estos míticos lugares fueron buscados durante mucho tiempo por exploradores y comerciantes, puesto que allí se acumulaba una gran cantidad de marfil.

Esta idea se veía reforzada cuando, ocasionalmente, se localizaba algún lugar donde realmente se acumulaban unos cuantos esqueletos de elefantes. Los afortunados que lo encontraban conseguían una buena cantidad de colmillos de elefante sin necesidad de arriesgar nada. Simplemente tenían que ir recogiéndolos. Y cada uno de estos encuentros aumentaba la leyenda.

Los elefantes, además, tienen una serie de comportamientos que nos resultan particularmente sorprendentes. Además de su mítica memoria, los investigadores han observado comportamientos muy particulares ante la muerte de algún miembro del rebaño. La mayoría de animales simplemente ignoran a los muertos, pero los elefantes actúan de manera diferente. Se detienen ante los restos de elefantes muertos, les tocan el cráneo y se quedan inmóviles durante mucho rato. Cuando algún ejemplar del rebaño muere, sus compañeros permanecen alrededor del cadáver durante largos periodos. A veces se marchan, pero después regresan al mismo lugar y vuelven a mostrar un comportamiento parecido.

Quizás todo lo interpretamos a nuestra manera y la explicación no tiene nada que ver con la muerte. Lo cierto es que aún no lo sabemos.

Pero todo ello ha creado una cierta mitología que une los elefantes, la muerte y los cementerios.

En cualquier caso, las ocasionales agrupaciones de restos de elefantes parecen tener una explicación mucho menos mística. Cuando un animal enferma, tiene tendencia a no alejarse de los lugares donde puede encontrar alimento y, sobre todo, agua. Esto es particularmente importante en el caso de los elefantes, que necesitan cuidar su piel revolcándose en el barro para evitar los parásitos y las quemaduras causadas por el Sol. En África estos lugares no abundan, de manera que un animal enfermo seguramente permanecerá cerca de los charcos de agua. Y cuando muera, sus restos se quedarán allí. Los carroñeros pueden llevarse los huesos de otras criaturas más pequeñas, pero los grandes huesos de los elefantes seguirán en el lugar donde el animal murió.

Así, los presuntos cementerios de elefantes serían simplemente los alrededores de los charcos de agua donde los animales enfermos o demasiado viejos buscaron refugio. No hay ninguna llamada ancestral, excepto la de buscar agua cuando no te encuentras bien. Durante la temporada seca, el agua desaparece y únicamente quedan los restos de los animales. Unos restos que debían de impresionar a los exploradores. Esto, unido a las leyendas que habían oído, acabó de fijar la idea del comportamiento de estos animales a la hora de morir.

En otros casos la explicación era aún más sencilla. Los restos de elefantes señalaban el lugar donde, años antes, grupos de cazadores habían hecho una matanza de algún grupo de paquidermos. Esto era fácil de deducir cuando se veía que a los esqueletos les faltaban los colmillos.

De todos modos, la leyenda del cementerio de elefantes está tan bien implantada en el subconsciente colectivo que seguro que seguirá muchos años. ¡Si hasta en la película *El Rey León* aparecía uno de estos cementerios!

50 / 100

A LOS TOROS EN REALIDAD NO LES EXCITA EL COLOR ROJO PORQUE VEN EN BLANCO Y NEGRO

El mito de los toros y el color rojo es en realidad un mito doble. Todavía hay quien cree que es el color rojo del capote de los toreros lo que hace que los toros embistan. Pero es más frecuente el caso de quien piensa que no, que esto es imposible porque los toros no pueden detectar los colores y únicamente ven en blanco y negro.

Pues bien, las dos afirmaciones son falsas.

Para detectar el color, el ojo usa los conos, unas células que en su interior tienen unos pigmentos que reaccionan con la luz de determinada longitud de onda. También hay los bastones, mucho más sensibles y que se activan por la luz sin precisar el color. Durante la noche, cuando hay poca luz, las cosas parecen perder el color ya que únicamente usamos los bastones. Pero de día, cuando la luz ya es lo bastante intensa como para activar los conos, es cuando podemos empezar a distinguir los colores.

El caso es que la mayoría de mamíferos disponen únicamente de dos tipos de conos. Unos que tienen un pigmento denominado *cianopsina* y que se activan con luz azul y otros que tienen *cloropsina* y que lo hacen en respuesta a la luz verde. Esto permite ver un mundo que no incluye los rojos y las tonalidades que se derivan de ellos. Este tipo de visión, que denominamos *dicromática*, es la que tienen los toros.

De manera que, en realidad, los toros sí distinguen los colores. Quizás no todos, pero ven perfectamente los azules, los verdes y un montón de tonalidades que aparecen al combinarlos. El único que les falta es precisamente el rojo.

Por esto es una exageración pensar que ven en blanco y negro. La vida de los toros puede ser poco interesante, ¡pero no tanto!

En cambio, a diferencia de la mayoría de mamíferos, nosotros y la mayoría de los simios sí podemos distinguir el rojo. Disponemos de un tercer tipo de cono especializado en este tipo de luz. Aparentemente el gen para fabricar la *cloropsina* sufrió una duplicación y posteriormente la copia de más que tenemos mutó y dio lugar a un pigmento ligeramente diferente, la *eritropsina*, que capta la luz en el espectro del rojo. Por esto decimos que nosotros disfrutamos de visión tricromática.

Todavía podría ser mejor y podríamos disponer, como algunos insectos, de visión cuatricromática o incluso pentacromática, puesto que cuentan con un cuarto o un quinto tipo de conos que detectan luz en el rango del ultravioleta. Seguro que el mundo sería aún más interesante, pero no se puede tener todo.

A los toros, lo que les incita a embestir no es el color sino el movimiento del capote. Podría ser de cualquier color y el resultado sería el mismo. Si en las corridas se mantiene el color rojo, es puramente por la fuerza de la tradición.

De manera que si alguien va por un campo donde hay toros y lleva un jersey rojo chillón, no ha de preocuparse. Si hace movimientos repentinos y el toro está de mal humor embestirá igual aunque vaya discretamente vestido de color verde, amarillo o azul.

MITOS SOBRE LA EVOLUCIÓN

51 / 100

LA MUELA DEL JUICIO DESAPARECERÁ
CON EL TIEMPO

Hay una serie de predicciones referidas al futuro de la evolución de los humanos que se pueden escuchar con cierta frecuencia. Una de las más habituales es que la muela del juicio acabará por desaparecer, aunque también parece que están destinados a la desaparición el apéndice, el dedo pequeño del pie o los pelos de la barba. Por otra parte, también hay quien opina que los dedos que usamos para manipular los aparatos digitales estarán cada vez más desarrollados.

Todo ello demuestra que mucha gente ignora completamente la esencia de la teoría de la evolución.

Es divertido, porque en la escuela nos enseñaron que históricamente había dos teorías de la evolución: la teoría de Lamarck y la de Darwin. La de Lamarck afirmaba que, a medida que se ejercitaba un órgano, este iba adquiriendo importancia y este desarrollo adicional pasaba a la descendencia. El ejemplo que siempre se pone es el de la jirafa, que se esfuerza a estirar su cuello para comer las hojas de las ramas más altas (un ejemplo interesante, puesto que Lamarck nunca lo usó).

Se supone que a todo el mundo le explicaron que esta teoría es errónea y que la descendencia no hereda los caracteres que desarrollan los padres.

Lo que en realidad sucede es lo que Darwin propuso: que en cada generación hay ejemplares más altos y más bajos, más rápidos y más lentos, más de una cosa y más de la otra. Y los que por azar hayan nacido con caracteres que les faciliten la supervivencia serán los que tendrán más probabilidades de pasar estas características a sus descendientes.

Se supone que deberíamos que recordar esto. Pero parece que únicamente lo pensamos con respecto a las jirafas. Cuando cambiamos de animal, volvemos a pensar de manera lamarckiana.

Porque, realmente, ¿alguien cree que tener la muela del juicio disminuye nuestra capacidad de sobrevivir? ¿O que la esperanza de vida será mayor si usamos mucho los dedos con aparatos electrónicos digitales? Incluso con respecto al apéndice: ¿acaso es un problema que afecte a la supervivencia hoy en día el hecho de tener o no tener apéndice?

Pues entonces no hay ningún motivo para que desaparezcan la muela, el dedo pequeño o el apéndice. Ni tampoco ninguna ventaja evolutiva que favorezca el tener una descendencia más hábil con los dedos que controlan la Play Station.

Todo ello indica que muchas personas, algunas de las cuales hablan en público sobre el futuro de la especie humana, aún piensan en la evolución de la manera que proponía Lamarck. Una idea original, intuitiva y respetable, ¡pero equivocada!

La realidad es que no se puede afirmar absolutamente nada sobre el futuro de la evolución en los humanos. Ahora mismo hemos abandonado el mecanismo de la selección natural. Los menos adaptados no suelen morir, los más feos también se reproducen, y el hecho de tener más o menos descendencia depende de factores que varían en cada generación y según la sociedad en la que nos toque vivir.

Por lo tanto, afirmar que uno u otro carácter de los humanos variarán de una forma o de otra en el futuro es hablar sin ningún rigor. Puede haber cambios, y características que no resultan ni buenas ni malas pueden acabar imponiéndose debido a fluctuaciones al azar en la frecuencia con que aparecen en la población. Pero, en todo caso, no será por el hecho de jugar mucho con mandos digitales ni porque la muela del juicio sea un engorro.

Si no acabamos con nosotros mismos en un futuro cercano, y tal y como van las cosas yo no apostaría mucho en este sentido, podría ser que los humanos ya no cambiáramos más. Aunque resulta más probable que efectivamente vayamos modificando nuestra anatomía, pero ya no por factores evolutivos tal y como los entendemos, sino por decisiones de los propios humanos. Actualmente empezamos a dominar las tecnologías que nos permitirán hacerlo. Nos hemos librado de la selección natural y, presumiblemente, pronto iniciaremos una selección artificial. Ojalá seamos suficientemente sabios como para hacerlo con buen juicio.

52 / 100

LOS HUMANOS SOMOS EL PUNTO CULMINANTE DE LA EVOLUCIÓN

En realidad es difícil no pensar que la especie humana represente la obra culminante de una larga secuencia evolutiva. Basta con mirar los árboles evolutivos que aparecen en muchos libros para observar una clara jerarquía. En la base están los animales unicelulares y los seres vivos más simples; algo más arriba, en las ramas inferiores, situamos organismos como los gusanos o las esponjas; después aparecen las plantas y los insectos, y en las ramas superiores empezamos a encontrar animales más conocidos: primero los peces, después los anfibios, algo más arriba los reptiles y los pájaros, y en la parte superior es donde se sitúan los mamíferos. Finalmente, en la cúspide de los mamíferos, en el lugar más preeminente de todos, ponemos a los humanos.

La secuencia de simple a complejo, de estúpido a inteligente, salta a la vista. De manera que parece evidente que somos la repera, el no va más de la evolución.

Pero esta es una manera muy sesgada de pintar las cosas. Al fin y al cabo, si el árbol evolutivo lo hubiera dibujado otro organismo con la misma pedantería que los humanos, seguro que habría encontrado motivos para ponerse él en la cumbre, y relegar el resto de los seres vivos a lugares menos importantes. Las plantas podrían ponerse en la cúspide, ya que pueden vivir en condiciones en las que ningún animal puede hacerlo. Al fin y al cabo, los animales solo somos simples parásitos de las plantas. Sin ellas no podríamos alimentarnos y ni siquiera respirar, de manera que se considerarían indiscutiblemente más importantes.

Los insectos podrían decir, con razón, que ningún otro grupo ha conseguido un grado superior de diversidad y de adaptación a diferentes medios. Ellos han colonizado todo tipo de ambientes y han adoptado más formas que ningún otro grupo viviente. En particular, los escarabajos podrían reclamar ser los preferidos de la evolución. Incluso un gran naturalista como J. B. S. Haldane, cuando le preguntaron qué pensaba de Dios, respondió que, "en caso de que existiera, tenía una afición desmesurada por los escarabajos".

De manera que la disposición de más a menos que hay en los árboles evolutivos, y también a la hora de enseñar la evolución de la vida en la Tierra, está muy marcada por nuestras preferencias, que naturalmente nos hacen ser los más guapos e importantes.

Parece que toda la historia de la Tierra haya sido una preparación para la llegada de los humanos.

Pero la realidad es que nosotros no somos la culminación de nada. Aunque nuestra autoestima salga un poco malparada, cualquier ser vivo de los que actualmente existen sobre la Tierra es, en sí mismo, un punto culminante de su particular rama evolutiva. Y no hay ninguna rama que merezca estar por encima de otra. Hasta el gusano más repugnante desde nuestro punto de vista, lleva encima millones de años de adaptaciones y de supervivencia. La planta más modesta es un encaje de bolillos metabólico que no se puede entender si no es por una fabulosa acumulación de fantásticas soluciones bioquímicas y celulares que han ido acumulándose a lo largo de los eones.

Por lo tanto, en la evolución, nadie, ninguna especie, puede reclamar un lugar más importante que el resto. Todos los que ahora vivimos somos simples supervivientes a los cuales el azar ha favorecido.

Y, aún más; el momento actual es una foto fija de la larga secuencia que seguirá imperturbable cuando nosotros y todas las especies con las que actualmente compartimos el planeta hayamos desaparecido. Porque la extinción es el destino inevitable de todas las especies. Después de ocupar un lugar en el ecosistema durante unos cuantos millones de años, todas las especies han acabado desapareciendo, sustituidas por sus descendientes mejor adaptados, o por la simple extinción de la línea evolutiva.

La evolución es una carrera sin fin en la que momentáneamente podemos participar y disfrutar de nuestra existencia. En un planeta en el que hace tres mil millones de años que hay vida, pensar que el hecho de haber sobrevivido cinco millones de años nos hace muy importantes es un ejercicio de pedantería bastante absurdo.

53 / 100

EL ESLABÓN PERDIDO

Ocasionalmente aparecen noticias en los periódicos con titulares en los que se anuncia el descubrimiento de un fósil que representa el "eslabón perdido" entre los humanos y los simios, o entre los mamíferos y los reptiles, o entre lo que sea. Por otra parte, aquellos que se oponen a la teoría de la evolución siempre reprochan a los científicos el no haber encontrado ningún eslabón perdido, ningún fósil intermedio entre humanos y monos.

Los dos casos responden a una idea muy extendida, pero errónea, según la cual entre una especie más antigua y su sucesora en el registro fósil hay una serie de estados intermedios muy definidos y que podemos identificar sin problemas. Como si fueran diferentes peldaños de una escalera: en cada peldaño colocaríamos un fósil que tendría unas características intermedias entre la especie del peldaño anterior y la del posterior.

Pero si lo pensamos un momento, nos damos cuenta de que las cosas no funcionan así. No se trata de una serie de pasos discretos, sino de una secuencia prácticamente continua en la que las modificaciones se van acumulando de manera casi imperceptible. Pero la fosilización es un fenómeno muy poco probable, de manera que no tenemos tantos fósiles como nos gustaría y lo más habitual es que tan solo dispongamos de unos cuantos ejemplares correspondientes a diferentes épocas bastante separadas entre sí.

Por esto no tiene mucho sentido pedir por un eslabón perdido, por una forma intermedia entre una especie actual y uno de sus antepasados. El motivo es que, aun en el supuesto de que la encontráramos, inmediatamente podríamos preguntarnos dónde está la forma intermedia de la forma intermedia. Y así seguir hasta el infinito.

La situación es similar a reconstruir la vida de una persona ordenando las fotos que se ha hecho a lo largo de su existencia. Nunca

tendremos una foto de cada minuto de su vida que nos permita ir no-
tando los pequeños cambios que lo han transformado de bebé a niño,
después en adolescente, joven, adulto y anciano. Pero esto no quiere
decir que no seamos capaces de ordenar las fotos en una secuencia
que nos permita entender cómo ha ido cambiando aquella persona.

Y si, ocasionalmente, encontramos una foto nueva que podemos
colocar entre dos ya conocidas, ¡pues perfecto! Pero tampoco tiene
más importancia ya que la idea que nos hacemos de aquella historia
no dependerá de una única foto. Puede ayudarnos a reordenar un
determinado periodo, pero difícilmente nos hará replantear toda la
secuencia.

Aún más absurdos son los eslabones perdidos que en ocasiones re-
claman algunos creacionistas particularmente ignorantes. Preguntan
dónde están los pájaros con media ala, o los peces con pies, o barbaridades parecidas. Como no aparecen en ninguna parte, consideran
que esto demuestra que la evolución es un error. Lo que realmente
es un error es la idea que ellos tienen de cómo evolucionan los seres
vivos. Los organismos evolucionan, cambian siguiendo caminos re-
torcidos y no líneas directas ya que simplemente se van adaptando
a ambientes cambiantes o a competir con otros seres vivos de una
manera impredecible.

No hay un destino final hacia el cual intentan evolucionar. Y no
lo hacen a saltitos, dejando eslabones perdidos perfectamente identificables.

Los investigadores ni siquiera usan la expresión "eslabón perdido".
Cuando aparece un fósil que llena un espacio en la gran secuencia de
la vida hablan de "formas de transición". Y aunque desde el punto
de vista académico pueden ser muy importantes, la idea que tenemos de
cómo funciona la evolución ya no depende en absoluto de este tipo
de fósiles.

54 / 100

EL HOMBRE VIENE DEL MONO

El poder de las imágenes es enorme, y una imagen muy lograda puede ser más efectiva que mil palabras; en realidad puede valer por años y años de palabras. Y una de las imágenes que más ha calado en el subconsciente colectivo es la que suele aparecer en referencia a la evolución humana. En un lado aparece un mono, normalmente un chimpancé, y a continuación hay una secuencia de hombres primitivos, empezando por los neandertales, seguidos por otros más "evolucionados", hasta llegar al hombre moderno en el extremo final.

Una imagen que consigue transmitir la idea del cambio progresivo: desde el estado animal hasta el ideal del hombre moderno, civilizado, evolucionado.

Pero el caso es que la imagen es engañosa y errónea por muchos motivos. Uno de ellos es casi social. Prácticamente siempre lo que aparece dibujado es un hombre, casi nunca una mujer. Y siempre de raza blanca con marcados rasgos anglosajones. Seguramente refleja la imagen que tenía en mente quien realizó el dibujo, pero no deja de ser tendencioso. Por supuesto en un dibujo únicamente puedes poner un ser humano y no puedes hacer una síntesis de todas las razas y de los dos sexos, pero es que en la mayoría de estas imágenes se repite el mismo cliché.

Otro error es dibujar un neandertal al principio de la secuencia. Los hombres de Neandertal son el prototipo de hombre primitivo que imaginamos habitualmente: complexión grande, frente aplastada, nariz ancha, ojos con unos arcos supraorbitales marcadísimos… Todo en ellos nos indica que son primitivos. Pero el caso es que no fueron tan primitivos puesto que convivieron con nosotros, con los *Homo sapiens*. De manera que, en una escala temporal, no es correcto situarlos antes de nosotros. Y, aún más importante, los humanos actuales no somos descendientes de los neandertales. Más bien podemos decir que somos primos. Ellos se extinguieron sin dejar descendientes mientras que nosotros ocupamos su lugar después de competir durante unos miles de años.

De todos modos, el error más flagrante es el mono del principio de la secuencia, el chimpancé que aparece feliz de ser el inicio de la senda que acabará dando lugar a los humanos. Por suerte para los chimpancés, ellos no tienen ninguna responsabilidad en la aparición de los humanos. Y es que afirmar que el hombre viene del mono e inmediatamente pensar en los monos actuales no tiene ningún sentido. De nuevo, estamos emparentados con los chimpancés; somos unos primos cercanos, pero no hay una línea directa que nos una.

Hace unos pocos millones de años vivió en África una especie animal con características parecidas a las de los simios. Tuvieron un cierto éxito a la hora de sobrevivir, y sus descendientes fueron adquiriendo diferentes características físicas. Algunos consiguieron desarrollar el bipedismo de una manera notablemente efectiva. Tuvieron que pagar el precio de los dolores de espalda y de las dificultades en la gestación, pero el premio, consistente en dejar libres las extremidades anteriores, lo valía. Otros tan solo tuvieron un éxito parcial: podían andar de pie durante breves períodos, pero con menor eficacia. En cambio, eran mucho más diestros moviéndose por los árboles. E incluso otros fueron desarrollando formas intermedias en su fisiología.

Humanos, chimpancés, gorilas, orangutanes… Todos tenemos unos antepasados en común que nos emparientan, pero de ninguna forma descendemos los unos de los otros. Además, aquellos animales parecidos a los simios también descendían de unos antepasados completamente diferentes: mamíferos que se escondían entre los matorrales, intentando ocultarse de otros animales más poderosos, reptiles y dinosaurios. Y la secuencia sigue. Los primeros mamíferos también tienen antepasados que los emparientan con otros animales superiores. Y los antepasados tienen los suyos, que a su vez…

Los humanos y los monos descendemos de unos animales africanos diferentes de los monos actuales, pero la secuencia sigue y sigue. Visto en perspectiva nos damos cuenta de que, de alguna manera, todos los seres vivos de la Tierra estamos emparentados.

55 / 100

LAS RAZAS HUMANAS

Muy a menudo las cosas no son lo que parecen y, encima, los hábitos del lenguaje nos condicionan todavía más. Esto lo podemos notar en los libros de antropología que afirman que la división de los humanos en razas no tiene sentido. Que esto que denominamos razas no existe.

Hombre, pues quizás tienen razón, pero cuando me miro y me comparo con un oriental, un africano o un indio americano, las diferencias me parecen bastante evidentes como para decir que no pertenecemos a razas diferentes. Y en este punto se me dispara la alarma.

¿No será que se niega la existencia de las razas simplemente porque queda políticamente correcto? Barbaridades más grandes se han dicho, en nombre de esta corrección superficial.

Ciertamente, nadie confundiría un japonés con un etíope, o un peruano con un sueco. La diversidad de la especie humana se muestra de mil maneras, como por ejemplo el color de la piel, la altura, la forma de los cabellos, la anatomía de la cara o el perfil de los ojos. Pero también otros menos evidentes: el grupo sanguíneo, la sensibilidad a algunos fármacos, los niveles de expresión de diferentes genes, la sensibilidad a enfermedades...

El problema aparece a la hora de definir las categorías y marcar los límites. Hay quien es muy aficionado a las clasificaciones, pero la variación que se puede observar en los humanos simplemente no admite clasificaciones estrictas sin caer en enormes contradicciones o arbitrariedades. Según algunas clasificaciones, yo no estoy incluido en la raza blanca como me hicieron creer en la escuela. Soy de raza "mediterránea". Parece que la blanca se limita a pieles más blancas y cabellos más rubios. Pero, ¿cuál es el límite de blancura? Lo mismo sucede con la raza negra. Esta denominación incluye mil tonalidades de color de la piel, desde el negro más intenso de los negros nilóticos hasta tonos ligeramente oscuros de algunos americanos descendientes de varios cruces entre esclavas y esclavistas. ¿Todo se agrupa bajo una única denominación? Y, si es así, ¿por qué motivo?

Es interesante comprobar que hay divisiones que parecen evidentes, pero que en realidad no lo son tanto. Una vez tuve una conversación muy divertida con un grupo de orientales que no comprendían cómo era posible que yo confundiera los japoneses con los coreanos. Para ellos, ¡las diferencias eran clarísimas! En cambio, ellos no podían distinguir un noruego de un italiano.

Y, encima, muchos de los caracteres que nos permitirían hacer una clasificación no coinciden con otros caracteres que nos dan otras clasificaciones. De manera que, al final, la definición de raza acaba siendo completamente arbitraria. Esto explica por qué, aunque de pequeño me enseñaron que hay cinco razas, se pueden encontrar libros que describen doce, e incluso algunos más detallistas llegan a hablar de hasta treinta razas diferentes. Al no haber unos límites claros, cada cual puede ponerlos donde le plazca.

Pero una clasificación tan arbitraria simplemente no tiene ningún valor científico.

Esto no quiere decir, ¡ni mucho menos!, que no existan las diferencias. Lo que hay que tener claro es que las agrupaciones que hacemos bajo la definición de raza son simples convenciones para hacer más fácil entendernos. Unas divisiones tan arbitrarias como si estableciéramos que las personas altas y las bajas pertenecen a razas diferentes. Desgraciadamente, demasiado a menudo se han usado con finalidades mucho más turbias.

Y, por supuesto, lo que no existe ni ha existido nunca es una "raza pura". Un detalle que hace aún más inmorales todas las barbaridades que se han hecho con la excusa de la pureza de la raza. Aunque siempre hay gente dispuesta a encontrar excusas para justificar cualquier cosa.

Hace milenios que está teniendo lugar el intercambio de genes entre los humanos. Esta gran mezcla genética imposibilita hablar de cualquier otra raza que no sea la raza humana. Aunque desde un punto de vista estrictamente biológico, hay que hablar, simplemente, de la especie humana.

56 / 100

LA EVOLUCIÓN NO ES FIABLE, YA QUE ÚNICAMENTE ES UNA TEORÍA

El lenguaje es la mejor herramienta que tenemos para comunicarnos, pero que sea la mejor no significa que sea perfecta. En ocasiones, el lenguaje da lugar a errores o, peor, nos permite hacer trampas gracias a ambivalencias y polisemias. Un ejemplo que aparece con frecuencia, especialmente en el tema de la evolución, es rechazar parte del conocimiento científico diciendo, con un cierto tono despectivo, que "aquello es únicamente una teoría".

Y la trampa es que la palabra *teoría* tiene dos interpretaciones que, además, son radicalmente diferentes. En lenguaje normal, coloquial, podemos decir que algo podría suceder, pero solo en teoría. Esto tiene una cierta connotación negativa. Si esperas un ascenso y tu jefe empieza diciendo: "en teoría tú tendrías que ocupar este puesto...", ¡mal! El puesto no será para ti. Una teoría es, según el diccionario: "Conocimiento especulativo considerado con independencia de toda aplicación."

La clave es que es una especulación. Y especular, podemos especular con todo. Por lo tanto, podría parecer que la teoría de la evolución, la teoría de la relatividad o la teoría atómica son puras especulaciones. Una flaqueza que los creacionistas, por ejemplo, no se privan de recordar.

Pero el caso es que en el diccionario hay más acepciones de teoría. Por ejemplo: "Serie de las leyes que sirven para relacionar determinado orden de fenómenos." Y otra es: "Hipótesis cuyas consecuencias se aplican a toda una ciencia o a parte muy importante de ella."

¿Qué nos dice todo esto? Pues que, en ciencia, una teoría no es en absoluto una especulación que podemos hacer sin más. Una teoría es el marco conceptual más sólido del que disponemos sobre una materia determinada. ¡Poca broma!

En ciencia hay unos cuantos conceptos que muchas veces se mezclan o se malinterpretan. Por ejemplo, una ley. En ciencia, una ley es una "regla universal a la cual están sujetos los fenómenos de la naturaleza". Esto quiere decir que es la descripción de un mecanismo que hace que las cosas pasen de una determinada manera. Como las leyes de Mendel, que nos dicen cómo serán las generaciones descendientes de determinados progenitores con respecto a un carácter genético determinado.

Una ley nos dice cómo serán las cosas. Una teoría nos explica por qué son así.

En ciencia, una teoría tiene que cumplir algunas características. En primer lugar, y quizás la más importante, es que tiene que ser posible ponerla a prueba. Podría ser que fuera errónea, de manera que ha de ser posible verificar si sus predicciones son erróneas. Por esto el creacionismo no es una teoría científica: de cualquier observación se puede decir que "Dios lo hizo así", y nunca podríamos demostrar que esto es falso. Es lo que pasa con la religión y Dios. Sencillamente son cosas que no entran en el ámbito de actuación de la ciencia.

Otra característica es que debe permitir hacer previsiones de cosas que aún no hemos observado. Si no fuera así, ¿qué utilidad tendría?

Ahora bien, hay que tener presente que todas las teorías que hacemos los humanos son incompletas o erróneas. Cuando Einstein hizo la teoría de la relatividad no invalidó la teoría de la gravitación universal de Newton. Simplemente construyó una teoría más amplia y que explicaba más cosas. Ahora la teoría de Newton es un caso concreto de la teoría de la relatividad.

Y por muy correctas que nos parezcan las teorías actuales, siempre las estamos sometiendo a prueba. Nunca se puede descartar que mañana aparezca un dato que no encaje o que no pueda explicarse según la teoría. Entonces habrá que rehacerla o abandonarla para construir una nueva.

Aunque digan que los científicos somos unos inmovilistas que no aceptamos nada que contradiga las teorías que conocemos, a todos nos encantaría demostrar que alguna teoría actual es incorrecta y que la podemos mejorar.

Conseguirlo quiere decir premio Nobel garantizado. ¡Al menos en teoría!

MITOS SOBRE LA TIERRA

57 / 100

EL AGUA DEL FREGADERO GIRA A LA INVERSA EN EL HEMISFERIO SUR

Es un enigma clásico. Un espía es secuestrado. Lo atan, le vendan los ojos y, medio inconsciente, se lo llevan en un avión. Cuando despierta se encuentra en la habitación de un hotel sin nada que indique dónde ha ido a parar. Va al lavabo, se lava la cara y de repente dice: "¡Ostras, estoy en el hemisferio sur!"

¿Cómo puede saberlo?

La respuesta habitual es que ha observado que el agua sale de la pila girando en sentido contrario a como lo hace en el hemisferio norte. Es el mismo efecto que hace que los anticiclones y las borrascas giren en sentidos opuestos en un hemisferio y en el otro. Una diferencia causada por un fenómeno denominado *efecto Coriolis* y que aparece cuando un objeto se mueve sobre una superficie que gira. También es denominado *fuerza de Coriolis*, a pesar de que estrictamente no es realmente una fuerza. Y el nombre, evidentemente, se lo pusieron por Gaspard Gustave de Coriolis, el ingeniero y matemático francés que describió este efecto en 1835.

Sin entrar en muchos detalles, podemos decir que la culpa de todo la tiene el hecho de que la Tierra gira, y que la velocidad de giro es muy elevada en el ecuador y mínima en los polos. Esto hace que los cuerpos en movimiento se desvíen de la línea recta y giren hacia la derecha en el hemisferio norte y hacia la izquierda en el hemisferio sur.

Este efecto tiene algunas consecuencias importantes en la vida real. Los aviones, cuando programan sus trayectorias, deben tenerlo en consideración. Y los soldados de artillería tienen que hacer una pequeña corrección cuando disparan los cañones si pretenden alcanzar un objetivo que esté a más de cien metros. Dicen que durante la Primera Guerra Mundial, en una batalla naval en el Atlántico sur entre fuerzas inglesas y alemanas, los ingleses fallaban con demasiada frecuencia porque corregían automáticamente los disparos, pero lo hacían siguiendo unas tablas que servían para el hemisferio norte y no para el sur.

Pero un detalle importante que se pasa por alto en el caso del lavabo es que, para que el efecto sea apreciable, es necesario que las distancias recorridas sean como mínimo de unos centenares de metros. Los huracanes, las grandes tormentas tropicales y otros fenómenos de proporciones enormes están muy condicionados por el efecto Coriolis, pero en un recorrido tan pequeño como el desagüe del lavabo, el efecto Coriolis es totalmente inapreciable. El agua sí girará al salir por el fregadero, pero la dirección del giro no dependerá en absoluto del hemisferio donde estemos. La forma de la pila, la dirección del grifo o el movimiento que hacemos al sacar el tapón será lo que determinará su dirección.

En realidad, basta con mirar algunas pilas de nuestra casa para verificarlo. Pronto nos daremos cuenta de que en unas gira en un sentido y en otras en sentido opuesto. Incluso en el mismo fregadero puede tomar una dirección o la otra. Pero la leyenda continúa repitiéndose, incluso en las clases de física de los institutos y de la universidad. Supongo que el agua que gira por el desagüe es un ejemplo demasiado fácil e intuitivo como para desaprovecharlo, aunque también sugiere que muchos profesores enseñan cosas que no tienen muy claras y que los alumnos escuchan sin ningún sentido crítico. Y es que la fuerza de Coriolis se puede medir según unas ecuaciones muy determinadas. Por esto, si lo calcularan, tendrían que notar que en distancias tan pequeñas como un fregadero, los números que se obtienen al hacer los cálculos son ridículamente pequeños. Pero como todo el mundo dice que el agua del fregadero gira por el efecto Coriolis, la mayoría termina por pensar que hay un error en sus cálculos antes de poner en duda el dicho popular. Un error que se comete demasiadas veces en demasiados temas.

58 / 100

LOS RAYOS NUNCA CAEN DOS VECES EN EL MISMO LUGAR

Este mito es de los más desconcertantes, puesto que si algo sabemos desde muy pequeños sobre los rayos es que sí suelen caer en los mismos lugares. Uno de los primeros avisos que se dan cuando hay una tormenta eléctrica en la montaña es que no nos pongamos debajo de árboles altos, puesto que ahí es donde acostumbran a caer los rayos.

Y, si apuramos más, los pararrayos son lugares donde caen repetidamente los rayos. Por lo tanto la realidad es exactamente la contraria. Los rayos tienen tendencia a caer siempre en los mismos lugares.

El motivo es que los rayos se forman cuando, durante las tormentas, se empiezan a acumular iones cargados positiva y negativamente en diferentes zonas de la nube. En el suelo también se acumulan iones, y las diferencias de potencial que se generan acaban originando una descarga eléctrica que conecta las zonas con iones positivos y negativos. Esto puede pasar entre diferentes nubes, entre diferentes zonas de una misma nube o entre la nube y el suelo.

En realidad, todavía nos queda mucho por conocer sobre la formación de los rayos, pero algunas cosas sí las sabemos, y una de ellas es que las acumulaciones de iones que pueden guiar el rayo hacia el suelo no suelen formarse en cualquier lugar. Hay zonas preferentes, particularmente las elevadas: árboles, campanarios, torres eléctricas y, claro está, pararrayos. Estos son los lugares donde habitualmente caen los rayos y, en consecuencia, los que hay que evitar durante una tormenta.

Naturalmente, lo que aún no tenemos manera de predecir es dónde y cuándo caerá exactamente un rayo, pero sí podemos delimitar las zonas más frecuentes y las menos probables.

Por ejemplo, en muchos lugares hay árboles centenarios particularmente altos que han sido golpeados por los rayos en muchas ocasiones. Cuando hay una tormenta con aparato eléctrico, parece evidente que buscar refugio bajo uno de estos árboles es una mala idea.

Esto no quiere decir, por supuesto, que los rayos caigan siempre en los mismos lugares. La caída de un rayo es un fenómeno repentino y que puede pasar, si se dan las condiciones, en cualquier lugar. Pero pensar que cuando en algún lugar ha caído un rayo ya queda protegido de la caída de otras descargas no es un razonamiento muy acertado. Si el rayo ha caído ahí, es que ahí se pueden dar las condiciones que facilitan la acumulación de iones necesaria para los rayos. Y, si ha pasado una vez, nada impide que vuelva a pasar.

59 / 100

LAS GOTAS DE LLUVIA TIENEN FORMA DE LÁGRIMA

Si pedimos que nos dibujen una gota de lluvia, casi todo el mundo hace el mismo dibujo: la parte de abajo redondeada y la parte superior alargada hasta que se acaba en forma de punta. Normalmente, la parte superior no apunta directamente hacia arriba, sino que está ligeramente curvada. Este tipo de dibujo de la gota de agua, similar a la forma de las lágrimas cuando caen por la mejilla, es de los primeros que aprenden a hacer los niños. Y parece de lo más verosímil, puesto que basta con mirar una gota colgando del grifo para darnos cuenta de lo acertada que es la representación.

Lo que pasa es que una gota de agua tan solo adquiere esta forma mientras está colgando de algún lugar, pero no cuando cae en forma de lluvia. Las gotas de lluvia, y las del grifo un instante después de empezar a caer, tienen una forma prácticamente redonda. Una figura que ya no tiene nada que ver con la imagen de gota que todos tenemos en la cabeza.

El motivo está relacionado con las propiedades físicas del agua y con algo denominado *tensión superficial*. Los líquidos se comportan de una manera curiosa justo en la capa superficial, donde las moléculas de agua están, por un lado, en contacto con más agua, pero, por otro, también están en contacto con el aire. En esta capa aparece una fuerza que hace que las moléculas de agua tengan tendencia a unirse entre ellas. Esta tensión es la que permite que insectos pequeños puedan andar por encima de la superficie del agua sin hundirse, y también es la que hace que el agua suba un poco por la pared de un vaso.

Esta tensión hace que una gota tenga tendencia a ser redonda. Es la forma más estable ya que así la fuerza se reparte por todas partes por igual. Para deformarla, haría falta alguna fuerza exterior que actuara sobre la gota. Esto pasa cuando está colgando del grifo, pero tan pronto como se suelte, las fuerzas de tensión superficial se igualarán en todas las direcciones de la gota y el resultado será la forma esférica que tiene, pero que casi nunca podemos observar, puesto que cae demasiado deprisa para poder verla bien.

Pero esta forma esférica empieza a deformarse muy pronto, por culpa del rozamiento con el aire. Primero, la gota se va aplastando hasta que queda más bien como un disco, y después, si es lo bastante grande, se va formando una especie de cavidad en medio del disco. Al final parece más bien una boina que la clásica gota. Y, si era lo suficientemente grande, acaba rompiéndose en varias gotitas más pequeñas, que recuperan la forma esférica durante unos instantes.

Todo esto aplicado a una única gota. Porque, si nos lo imaginamos en una situación de lluvia real, se producen muchas colisiones entre las gotas de distintos tamaños llevadas por los aires en direcciones ligeramente diferentes. Los choques las rompen y las desvían, y se generan más colisiones hasta que las gotas son tan pequeñas que ya simplemente caen todas al mismo ritmo. Este es el estado en el que normalmente llegan al suelo.

El problema, naturalmente, es que caen demasiado deprisa para poder verlas. Lo único que intuimos a simple vista son imágenes de líneas más o menos verticales, que corresponden a la trayectoria de la gota. Y, como el único momento en el que podemos observar con calma una gota es cuando cuelga de algún lugar, solemos suponer que al caer mantiene la forma alargada que podemos ver dibujada en todas partes.

Las gotas de agua son una cosa muy curiosa. Normalmente las imaginamos casi estáticas, o en una suave caída adoptando una forma determinada. Pero la realidad es que ni tienen esta forma, ni su existencia es muy tranquila.

Y, está claro, tampoco son de color azul como las acostumbramos a pintar, ya que el agua es transparente.

60 / 100

EN VERANO LA TIERRA ESTÁ MÁS CERCA DEL SOL QUE EN INVIERNO

Este es uno de aquellos mitos que parecen perfectamente razonables hasta que lo piensas un instante. La lástima es que normalmente no dedicamos este instante, sobre todo porque en muchas escuelas nos lo enseñaban así. Y si la maestra lo decía y parecía normal, ¿para qué darle más vueltas?

Pero hay un detalle muy conocido que nos tendría que incomodar cada vez que oímos que en verano la Tierra está más cerca del Sol. Todos sabemos también que, cuando en el hemisferio norte es verano, en el hemisferio sur se encuentran en invierno. Si en Europa nos vamos a la playa, en Argentina está nevando. Y a veces nos hemos preguntado lo extraño que tiene que ser celebrar la Navidad en Sudamérica, en pleno verano.

Entonces vemos el problema: si la Tierra está más cerca del Sol durante el verano, ¿cómo es que en el otro hemisferio es invierno, a pesar de que el planeta está más cerca del Sol?

La respuesta es, naturalmente, que las estaciones del año no tienen nada que ver con la distancia entre la Tierra y el Sol. Lo que las causa es el hecho de que nuestro planeta gira sobre sí mismo cada día, lo cual da lugar a los días y las noches, pero que este giro lo hace como si fuera una peonza, ligeramente inclinado.

Esta inclinación hace que, durante un periodo del año, los rayos del Sol lleguen perpendiculares al hemisferio norte, mientras que en el sur lo hacen con un ángulo mas acusado. Esta diferencia hace que la energía proveniente del Sol sea mayor en el norte y menor en el sur y, en consecuencia, que en el hemisferio norte disfrutemos del verano mientras que en el sur es invierno.

Y, medio año después, cuando la Tierra está en la otra parte de su órbita, la situación se invierte. Entonces los rayos del Sol caen perpendiculares al hemisferio sur, donde pueden ir a la playa para aprovechar su verano, mientras que en el hemisferio norte los rayos llegan sesgados y podemos ir a esquiar, puesto que estamos en invierno.

Estos movimientos ya no resultan tan intuitivos y hay que pensarlos unos momentos antes de entender cómo va todo. Pero nadie ha dicho que la naturaleza sea intuitiva o hecha al gusto de la mente de los humanos. ¡Las cosas prácticamente siempre son algo más complicadas de lo que parece!

Una curiosidad respecto a estos movimientos es que efectivamente la Tierra hace una órbita que no es perfectamente circular, sino ligeramente elíptica y, por lo tanto, es cierto que unas veces está más cerca del Sol que otras. Lo que pasa es que el punto más cercano al Sol es justamente durante nuestro invierno. Por esto los veranos del hemisferio sur son algo más calurosos que los norteños. Allá se suman la inclinación del eje de la Tierra y la menor distancia que la separa del Sol.

Por otro lado, tampoco nos podemos quejar. Sería mucho peor vivir en Urano, un planeta que está completamente inclinado respecto de su órbita: durante medio año el polo norte apunta hacia el Sol, es de día y es verano. Y, el otro medio año, el polo norte ya no ve el Sol, es de noche y es invierno. Un ritmo de día-noche y de estaciones mucho menos amable que el de nuestro querido planeta azul.

61 / 100

EL ARCO IRIS TIENE SIETE COLORES

De pequeños aprendemos que el arco iris tiene siete colores: rojo, naranja, amarillo, verde, azul, añil y violeta. Este color llamado añil es un poco desconcertante y destaca de entre el resto, porque mientras que los otros son fácilmente identificables, básicos, comprensibles, el añil o índigo es extraño que esté en la lista. Corresponde a una longitud de onda de entre 450 y 470 nanómetros y se sitúa entre el azul y el violeta, y lo más normal es preguntarse qué puñetas hace, entre los otros colores normales.

¿Por qué el añil y no el púrpura, el burdeos o el color melón?

Pues porque sí. O, mejor dicho, porque a Newton le dio la real gana. Fue Newton quien usó un prisma para demostrar que la luz blanca se puede descomponer en diferentes colores. Y que el arco iris es un efecto óptico causado por la refracción de los rayos de luz al pasar a través de gotas de lluvia en la atmósfera o causadas por la espuma de una catarata. En estos casos la luz actúa como si atravesara un prisma y se desvía de la trayectoria recta. Una desviación que será mayor o menor según la longitud de onda.

Newton observó el fenómeno e hizo el experimento del prisma, pero ya antes otros como René Descartes habían formulado explicaciones y habían determinado los ángulos de refracción de la luz, cosa que había dado lugar a una primitiva teoría del arco iris. En todo caso, cuando Newton lo presentó hizo una lista con siete colores principales: los seis evidentes y, además, añadió el añil simplemente porque le hacía ilusión que la lista tuviera siete colores, del mismo modo que en aquel tiempo conocían siete planetas, había siete notas en la escala musical, o siete días de la semana.

Y por suerte no le dio por los signos del zodíaco o por los meses del año, porque entonces diríamos que el arco iris está formado por doce colores (a lo mejor sí habría añadido el burdeos o el púrpura, pero el color melón ya lo veo más difícil).

Con todo esto queda claro que hablar de siete colores simplemente es una simplificación útil que podemos entender, pero si tomamos una imagen del arco iris y observamos atentamente la secuencia de colores, enseguida notaremos el problema: es muy difícil determinar cuándo acaba un color y cuándo empieza el siguiente.

El motivo es, obviamente, que no está formado por colores individuales sino por una gradación de todos ellos. Al ser las gotas de agua redondas, la luz se refracta en todos los ángulos posibles. Por lo tanto, la luz del Sol se descompone en todas las longitudes de onda que podemos detectar y cada una corresponde a una particular gradación de color, diferente a las de su lado.

El arco iris no tiene siete colores. En realidad tiene todos los colores posibles.

Otra cosa es la manera como nos lo miramos los humanos. Nuestros ojos tienen unas células, denominadas conos, que están especializadas en la detección de los colores. Pero no tenemos un abanico infinito de posibilidades: tenemos tres tipos diferentes de conos que responden a tres longitudes de onda diferentes. Unos detectan la luz roja, otros la verde y los terceros detectan la azul. El resto de colores los vemos porque activan diferentes combinaciones de conos y con diferente intensidad. Por esto nos resulta más sencillo diferenciar estos tres colores más los otros tres que se obtienen cuando los combinamos de dos en dos. Mentalmente agrupamos como una sola cosa todo un gradiente de color y le adjudicamos la categoría de amarillo o azul, aunque resulte evidente que el amarillo de un extremo es muy diferente del amarillo del otro extremo. Físicamente no hay ningún motivo, pero psicológicamente los humanos diferenciamos sobre todo estos seis colores.

Y por esto el añil sobra en la lista.

62 / 100

CUANDO LOS PLANETAS SE ALINEAN SE DAN TERREMOTOS Y OTRAS CATÁSTROFES EN LA TIERRA

Los planetas del sistema solar van dando vueltas alrededor del Sol. Cada uno va a su ritmo, que depende básicamente de la distancia a la que se encuentre del Sol. Así, Mercurio es el más rápido de todos, y por esto le pusieron el nombre del dios mensajero que corría con alas en los pies, mientras que Neptuno es el más lento. Plutón, que ahora ya no se considera un planeta, aún se mueve más lentamente.

Pero a medida que van girando, en ocasiones resulta que algunos se sitúan más o menos en línea recta con el Sol. Y este *más o menos* incluye un amplio margen desde el punto de vista de los astrónomos; olvidad las hileras casi perfectas de planetas que salen en las películas. Estos alineamientos ocurren con cierta frecuencia en el caso de los planetas interiores, de movimiento rápido, y mucho más ocasionalmente con los grandes planetas exteriores. Y alguna vez tiene que suceder que estén todos alineados respecto al Sol (de nuevo, solo aproximadamente): es entonces cuando decimos que hay un alineamiento planetario.

Esto les encanta a los astrólogos y a los guionistas de Hollywood y suele considerarse un motivo de preocupación. Se esperan todo tipo de cataclismos y desgracias para nuestro pobre planeta. Al fin y al cabo, la fuerza gravitatoria de todos los planetas se irá sumando y las tensiones a las que se verá sometida la Tierra serán excepcionalmente importantes. Parece razonable pensar que la corteza del planeta tiene que resentirse. Si la fuerza de la gravedad de la pequeña Luna puede causar las mareas, ¿qué no hará la fuerza combinada de Marte, Júpiter, Saturno, Urano y Neptuno?

Pues la verdad es que hará muy poca cosa, sobre todo porque están muy lejos, un detalle que casi nunca interpretamos correctamente al estar acostumbrados a medir las cosas a escala humana.

La fuerza con que la gravedad actúa depende de dos variables. La masa de los planetas es la primera, y realmente el efecto máximo lo tendremos cuando estén todos alineados ya que la de unos se sumará a la de otros. Pero también depende de la distancia, concretamente del cuadrado de la distancia. De manera que cuanto más lejos esté el planeta, menos efecto se notará. Ciertamente, siempre se nota algún efecto, pero la clave es que disminuye con el *cuadrado* de la distancia. Es decir que si está el doble de lejos, ejerce cuatro veces menos fuerza. Y si está cuatro veces más alejado, la fuerza será dieciséis veces menor.

Y los planetas están muy, muy lejos. Por lo tanto, su influencia será muy, muy, muy, muy pequeña. No será inapreciable y la órbita de la Tierra se modificará ligeramente, pero este tipo de alteraciones suceden constantemente según las disposiciones relativas de los planetas. En el caso de una alineación, la desviación será más notable que otras veces, pero no tiene por qué tener ningún otro efecto sobre la corteza terrestre. De hecho, la Luna tiene más efecto ya que, aunque sea mucho más pequeña, se encuentra muchísimo más cerca.

A lo largo de los tiempos los humanos han intentado encontrar señales en el movimiento de los astros. Es un poco pedante, porque a los astros seguro que los humanos no les importamos en absoluto y ellos se limitan a ir dando vueltas según las leyes de la física. Puede ser decepcionante, pero las cosas son así. Pero, claro está, un alineamiento es una disposición muy curiosa de los planetas. En realidad, todas y cada una de las disposiciones son particulares y únicas, pero un grupo de planetas en línea recta nos parece una disposición estéticamente impactante. Por lo tanto, es comprensible que enseguida busquemos propiedades particulares.

Buscamos las propiedades, pero el caso es que no nos tomamos la molestia de calcular los efectos que realmente tendrían. De hecho, ni siquiera suele preguntarse a los astrónomos, que seguramente sí lo han calculado y conocen la respuesta. Y es que hay quienes prefieren no preguntar, no vaya a ser que la respuesta sea un decepcionante "no se notará nada".

63 / 100

LA LUNA ES MÁS GRANDE CUANDO LA VEMOS CERCA DEL HORIZONTE

Una de las imágenes idílicas más típicas es la de la Luna elevándose en el horizonte y vista desde una playa paradisíaca. Naturalmente con buena compañía y sin ninguna preocupación ni prisa. Si alguna vez tenéis la suerte de disfrutar de uno de estos momentos y miráis el satélite de la Tierra cuando está apareciendo por el horizonte, notaréis que se ve grande. Muy grande. Sobre todo lo notaréis si lo volvéis a mirar unas horas después, cuando ya se encuentre arriba en el cielo. Entonces sigue siendo bonita, pero mucho menos espectacular. Sus dimensiones parecen mucho menores.

¿Cambia de tamaño la Luna? ¿Modifica su distancia respecto a la Tierra? ¿O quizás algún efecto óptico al pasar por la atmósfera hace que la veamos mayor? Pues nada de todo esto. La Luna siempre mantiene las mismas dimensiones. Simplemente pasa que cuando se encuentra cerca del horizonte la podemos comparar con algo, una montaña, unos árboles, unos edificios, el mismo mar, y esto nos permite hacernos una idea de cuán grande es. Pero, horas después, sola arriba en el cielo, tan solo la podemos comparar con la inmensidad del espacio. Y entonces la misma Luna nos parece mucho más pequeña.

Para hacer un cálculo aproximado de los tamaños, siempre lo hacemos según un sistema de referencia. Podemos decir que una persona es alta o baja, pero al hacerlo lo estamos comparando con el resto de personas de la misma raza y sexo. Un coche puede ser muy grande, a pesar de ser más pequeño que el menor de los camiones. Tenemos claro que cuando decimos que una persona o un coche son de determinada manera, esto se aplica únicamente al sistema de referencia que le corresponde. Una corrección que hacemos siempre sin ni tener que pensarlo. Pero hay casos, como el de la Luna, en los que no podemos comparar con nada más. Únicamente con el recuerdo que tenemos en otros momentos de la misma Luna.

Además de la comparación, hay un hecho psicológico que nos induce a error. Cuando miramos al horizonte, tenemos presente cuán lejana está aquella línea. En realidad no sabemos la distancia exacta, pero normalmente nos hacemos una idea aproximada. Cuando la Luna aparece allá, mentalmente la situamos precisamente a la misma distancia que el horizonte y teniendo en cuenta el tamaño relativo nuestra mente calcula las dimensiones que debe de tener. Al hacerlo obtenemos unas dimensiones descomunales.

En cambio, aunque ya suponemos que el cielo está lejos, en realidad no podemos precisar a qué distancia, ya que no hay nada que lo indique. Tal como lo vemos, parece una esfera que cubre la Tierra y podemos imaginar que la Luna y las estrellas están a una distancia parecida, que no es particularmente enorme. Por supuesto todos sabemos que en realidad no es así, pero el cerebro no dispone de esta información. Entonces, al aplicar el mismo razonamiento a una distancia aparentemente menor que la del horizonte, el cerebro interpreta que la Luna es más pequeña.

En el caso de la Luna es relativamente fácil verificar que sus dimensiones no se modifican a medida que se desplaza por el cielo. Basta con ir fotografiándola en diferentes momentos y comparar su tamaño. Cuando se hace, se puede comprobar que no varía. Pero a pesar de saberlo, basta con mirarla una noche tranquila para que la ilusión vuelva a aparecer.

En realidad, el tamaño aparente de la Luna sí varía ligeramente, ya que su órbita no es una circunferencia perfecta y a veces está ligeramente más cerca. Esta diferencia se puede notar en las fotos, pero cuesta mucho a simple vista. Y, por supuesto, no tiene nada que ver con que esté cerca o lejos del horizonte.

64 / 100

EL AGUA DE LA TIERRA SIGUE UN CICLO, PERO SIEMPRE ES LA MISMA

Cuando nos enseñan el ciclo del agua, parece que nos hablen de un circuito cerrado. El agua del mar se evapora, condensa y forma nubes, cae a tierra firme en forma de lluvia y se agrupa formando primero riachuelos, y a continuación ríos. Tal vez la usaremos, pero al final volverá a los ríos y acabará por regresar de nuevo al mar. Un ciclo que se va repitiendo una y otra vez.

Esto tiene su gracia, porque implica que tal vez las mismas moléculas de agua que ahora hay en la piscina sirvieron, hace millones de años, para refrescar un dinosaurio, o quién sabe si para preparar una sopa a Cleopatra.

Pero el caso es que el ciclo del agua, a pesar de que es real tal y como se explica normalmente, no es un ciclo cerrado. En nuestro planeta el agua se crea y se destruye constantemente, de manera que las probabilidades de que el agua que tenemos en el vaso tenga una historia de eones son más bien escasas.

Los responsables de hacer desaparecer el agua como tal son los vegetales y, más concretamente, la fotosíntesis. Con la fotosíntesis, las células vegetales fabrican materia orgánica mediante la energía del Sol. En concreto, aprovechan esta energía para generar moléculas de azúcares a partir del agua que hay en el aire y del CO_2 del aire.

El caso es que, a medida que van fabricando materia orgánica, las plantas van rompiendo las moléculas de agua. Los átomos no desaparecen, por supuesto. Simplemente se incorporan a los azúcares en forma de oxígeno y de hidrógeno por separado. Pero el agua, como molécula individual, deja de existir.

Parece poca cosa, pero en realidad quiere decir que toda la materia viva que ha existido en la Tierra desde siempre, se ha fabricado a base de destruir moléculas de agua que los vegetales captaban y combinaban con CO_2. Todos los mamíferos, peces, dinosaurios, insectos, todas las plantas, árboles, hongos, medusas y bacterias que en algún momento han existido lo han hecho gracias a la destrucción de moléculas de agua.

Esto sería sorprendente, puesto que la cantidad de agua que existe es limitada. Pero es que el agua, además de destruirse, también se va generando. Nuestro metabolismo quema azúcares, oxida grasas y nos mantiene vivos. En cada reacción se genera un poco de energía, pero también alguna molécula de agua. Esta agua ya no será la misma que había antes. Nuestras células toman un átomo de oxígeno y dos de hidrógeno y los combinan para fabricar una nueva molécula de agua que antes no existía.

Al final el total queda equilibrado, la cantidad de agua del planeta no se altera por estos mecanismos y el ciclo del agua va girando imperturbable. Pero las moléculas individuales que en un momento existen ciertamente van desapareciendo y volviéndose a formar. De manera que cuando hacemos los cálculos, vemos que ya no quedan muchas de las moléculas de agua que hace setenta millones de años refrescaban a los dinosaurios.

No quedan muchas, pero alguna sí. Como el número de moléculas es tan descomunalmente enorme, aunque la mayoría se hayan regenerado, unas pocas de las moléculas de agua que tenemos en la bañera ciertamente ya corrían por este planeta durante el Jurásico.

65 / 100

LA BRÚJULA SIEMPRE APUNTA HACIA EL NORTE

La brújula es un aparato extraordinario que nos permite orientarnos en prácticamente cualquier lugar del planeta y en cualquier momento. Una aplicación muy útil del hecho que la Tierra se comporte como si fuera un gigantesco imán gracias a su núcleo metálico y a la rotación del planeta. Con una sencilla aguja imantada que pueda moverse libremente, podemos improvisar un aparato que nos servirá de guía estemos donde estemos y que ha facilitado la vida a los navegantes de una manera que ahora, en la época del GPS, nos cuesta imaginar.

De la brújula decimos que siempre apunta hacia el norte, concretamente hacia el polo norte, y como aproximación no es incorrecto. Especialmente en nuestras latitudes, donde el norte queda lejos y simplemente nos interesa establecer una línea norte-sur que nos permita orientarnos. Pero esto cambia a medida que nos desplazamos más y más hacia el norte. Entonces las cosas pasan a estar menos claras y hay que precisar de qué hablamos exactamente y hacia dónde esperamos que apunte la brújula.

Para empezar, existen varios polos norte. Está el que normalmente nos interesa; el polo norte geográfico, aquel lugar que coincide con el eje de rotación del planeta. Pero la brújula no apunta exactamente hacia allá. Lo hace hacia el polo norte magnético: un lugar cercano pero que no coincide del todo con el geográfico. Las líneas magnéticas que orientan la brújula salen más o menos de los polos norte y sur geográficos, pero esto tan solo es una aproximación. Estrictamente hablando lo hacen a unos mil quinientos kilómetros de distancia. Naturalmente, si desde aquí vamos andando por un bosque y queremos saber dónde está el norte, la diferencia es poco relevante. Pero si se trata de navegar o de determinar nuestra ubicación con exactitud hay que tener en cuenta este detalle.

Además, este polo norte magnético no se mantiene quieto. Se va desplazando a un ritmo de unos cincuenta kilómetros por año, aunque en ocasiones esta velocidad ha sido mucho mayor. Y, encima, a veces sucede lo que se denomina *inversiones de los polos magnéticos*, y el polo norte pasa a situarse al sur, y el sur al norte.

Hay otros polos norte, como el celeste, que es el punto imaginario del cielo donde apunta el polo norte geográfico; o el polo de inaccesibilidad, que es el lugar más alejado de tierra firme en todas las direcciones. Pero estos ya tienen poco que ver con la brújula.

La pregunta que nos podemos hacer es: ¿hacia dónde apunta una brújula situada en las proximidades del polo norte magnético?

Aquí hay que volver a recordar que la Tierra se comporta como una gran dinamo, que genera un campo magnético con unas líneas de carga que emergen del polo norte y que vuelven a entrar en el planeta por el polo sur. Son aquellas líneas que en los libros se dibujan como si fueran un ovillo de lana que rodea la Tierra. Pues lo que hace la brújula es seguir la dirección de estas líneas. Normalmente siempre ponemos las brújulas horizontales al suelo, pero en realidad no apuntan exactamente de manera horizontal, y este efecto es particularmente notable en los polos. En el polo norte, una brújula teóricamente apuntaría hacia el suelo, hacia el interior del planeta, que es donde se origina el campo magnético con el que se orienta la aguja.

Esto de que las líneas magnéticas no apunten únicamente hacia el norte, sino que también pueden indicar dónde está el interior de la Tierra parece irrelevante, pero se cree que resulta muy útil para unas bacterias que tienen partículas metálicas que actúan de forma parecida a una brújula. En pájaros y otros animales este sistema sirve para orientarse en largas distancias, pero ¿y en bacterias? No parecía que tuviera sentido hasta que alguien recordó que puede ser un buen mecanismo para indicar a la bacteria dónde está "abajo" y dónde está "arriba". Para una célula que vive flotando y que es tan ligera que la gravedad ya no le hace caer a través del agua, una brújula que señale dónde están arriba y abajo tiene que ser extremadamente útil.

66 / 100

SI TODOS LOS CHINOS SALTARAN A LA VEZ, ALTERARÍAN LA ROTACIÓN DE LA TIERRA

Esta frase parece realmente amenazante. ¡Y es que hay muchos chinos en China! Una persona sola no hace nada, pero si más de mil millones de personas saltaran simultáneamente, los efectos tendrían que ser notables. Si imaginamos que, para redondear y siendo muy generosos, cada uno pesase cien kilos, hablaríamos de cien mil millones de kilos impactando repentinamente sobre la superficie del planeta. ¡Esto es mucho!

Pues, en realidad, no. Esto no es prácticamente nada.

Si todos los chinos saltaran de golpe, a la Tierra no le pasaría nada de nada por unos cuantos motivos. Para empezar, uno logístico: resulta poco creíble que el impacto fuera simultáneo. Si apenas se puede poner de acuerdo un grupo reducido de personas para hacer algo a la vez, resultaría imposible hacerlo con mil millones de personas.

Pero imaginemos que sí se pudiera organizar y llevar a la práctica. Pues todavía hay más detalles a considerar. Uno de ellos es que hay que tener en cuenta, además del peso de los chinos, el peso (estrictamente la masa) del planeta. ¿Qué proporción representa la población de China respecto al total del planeta?

Pues si miramos los datos que se pueden encontrar en lugares especializados en astronomía o geología, la masa de la Tierra es de unos seis cuatrillones de kilos. No está nada mal. Un seis y veinticuatro ceros detrás. En cambio, hemos dicho que, aunque todos los chinos fueran repentinamente gorditos y pesaran cien quilos, el total solo llegaría a los cien mil millones de kilos. Esto representa la diezbillonésima parte de la masa de la Tierra.

Podemos coincidir en que una diezbillonésima parte de algo es muy poca cosa. Un barco de tamaño mediano o un ferry no muy grande pueden pesar alrededor de diez mil toneladas. Proporcional-mente, el efecto sobre la Tierra de los chinos saltando seria como si una mosca saltara sobre el barco.

Pero no basta con la masa. La velocidad a la que saltaran también tendría su efecto. Aquí los cálculos ya son algo más complejos, pero al hacerlos se obtiene que, aunque saltaran a una velocidad cercana a la de la luz, el efecto tampoco sería apreciable.

Y finalmente aún hay otro factor que invalida el razonamiento del salto de los chinos. Hay que tener en cuenta que los chinos no son un objeto proveniente del espacio, sino que forman parte del planeta. Aunque el planeta fuera muy pequeño y los chinos muy pesados, para modificar la trayectoria de la Tierra habría que aplicar una fuerza exterior al sistema. En la práctica, esto quiere decir que, cuando los chinos saltaran, ellos saldrían en una dirección y el planeta en dirección contraria debido a la fuerza que habrían aplicado los saltadores para hacer el salto. Y a continuación, los chinos se caerían al suelo por la gravedad, pero la Tierra también se desplazaría hacia los chinos por la misma gravedad; que esto funciona en las dos direcciones. Al final, el resultado global es que todo quedaría igual que al principio.

Arquímedes dijo: "Dadme un punto de apoyo y podré mover el mundo". Teóricamente tenía razón. En cambio, los chinos saltando no disponen de ningún punto ajeno a la Tierra para apoyarse y, por lo tanto, de ninguna forma pueden desplazar el planeta.

Evidentemente, Mao fue un gran estadista, pero como científico dejaba mucho que desear. De todos modos, la frase no la dijo para hacer ciencia, sino para atemorizar al resto del mundo. ¡Y en eso sí tuvo éxito!

MITOS SOBRE EL ESPACIO

67 / 100

EN EL ESPACIO NO HAY GRAVEDAD

¿Esto no es cierto? Pero si todos hemos visto a los astronautas flotando en el espacio en una situación de clarísima ingravidez... Si dentro de las naves espaciales o dentro de la estación orbital los objetos que sueltan se quedan flotando sin caer. Si a las astronautas el pelo no les cuelga, sino que les va en todas direcciones. ¡Si está clarísimo que allí no hay gravedad!

Pues todo ello es un error. Sí que hay gravedad, aunque parezca que no. En realidad, y hablando estrictamente, resulta físicamente imposible estar en una situación sin gravedad.

Ahora toca hacer memoria y recordar lo que dijo Newton en su famosa ley de la gravitación universal. Según la leyenda, Newton vio caer una manzana y se preguntó por qué caía. La respuesta fue que la Tierra la atraía con una fuerza denominada *gravedad*. Esta leyenda es, con toda seguridad, falsa, pero explica muy bien lo que comprendió Newton. Se dio cuenta de que existía esta fuerza y, sobre todo, indicó cómo se medía.

Para calcular la atracción gravitatoria que experimentan dos objetos debemos multiplicar sus masas y este valor lo tenemos que dividir por el cuadrado de la distancia que los separa. En la práctica, esto quiere decir que los cuerpos grandes, con mucha masa, ejercerán una fuerza de gravedad muy grande. En la Luna los astronautas pesaban muy poco porque al ser la Luna mucho más pequeña que la Tierra, la fuerza de gravedad que genera es también mucho menor.

Pero la ley de Newton también nos dice que, cuanto más lejos estén los dos cuerpos, la gravedad será menor. La gracia es que nunca será cero, porque para ser cero tendrían que estar a distancias infinitas, cosa que es imposible. En realidad, mientras exista algún objeto en el Universo, habrá gravedad. La gravedad existiría incluso entre dos partículas de polvo situadas en los dos extremos del Universo.

Entonces, ¿qué pasa con los astronautas?

Pues que están en equilibrio. Cuando miramos las imágenes del espacio, parece que estén prácticamente quietos: un astronauta fuera de la nave se mantiene inmóvil, flotando a pocos metros sin hacer ningún esfuerzo. Pero la realidad es que tanto la nave como el astronauta se mueven deprisa, muy deprisa. Por ejemplo, la Estación Espacial Internacional viaja a casi veintiocho mil kilómetros por hora y completa una órbita alrededor de la Tierra cada noventa minutos.

Esta velocidad genera una fuerza centrífuga que haría que salieran disparados hacia el espacio exterior si no fuera por la gravedad terrestre. De manera que los astronautas están en una situación de equilibrio entre la gravedad que tira hacia abajo y la fuerza centrífuga que empuja hacia fuera. Estrictamente, se dice que los astronautas están en situación de caída libre.

Es por esto que parte del entrenamiento para ir al espacio se puede hacer en aviones que siguen trayectorias parabólicas. Después de ganar mucha altitud, empiezan a dirigirse hacia tierra de manera que, durante unos momentos, los viajeros del interior sienten que quedan flotando dentro de la nave. Pensamos que solo están simulando la situación de los astronautas, aunque en realidad están experimentando exactamente lo mismo. La diferencia es que en los aviones esto dura muy poco tiempo antes de que haya que enderezar la trayectoria, abandonar la caída libre y recuperar las condiciones normales, mientras que en la Estación Espacial esta situación es constante.

Esto también se ve cuando han de regresar a la Tierra. Para hacerlo no necesitan poner los motores de la nave en marcha en dirección a la superficie del planeta. Basta con frenar un poco la velocidad. Justo cuando dejan de estar en equilibrio, la gravedad se impone y empiezan a caer siguiendo una espiral más o menos pronunciada según la velocidad a la que vayan.

68 / 100

LA ESTRELLA POLAR ES LA MÁS BRILLANTE DEL CIELO

Un error típico que cometen quienes no saben mucho de astronomía es pensar que la estrella Polar es la más brillante del cielo. Por esto, a veces les causa una cierta decepción cuando les indicas de qué estrella se trata. La estrella Polar no es particularmente brillante y su fama deriva únicamente del hecho de que señala el norte. Hay que reconocer que esto ya es suficiente motivo para que sea una de las estrellas más famosas. Pero, brillar, lo que se dice brillar, pues tampoco lo hace de manera espectacular.

La gracia es, naturalmente, que se encuentra en la línea del eje de rotación de la Tierra, de manera que, mires desde donde mires, siempre está allá, indicando el norte. Y aunque por esto se conoce como estrella Polar, su nombre real es *Alfa Ursae Minoris* ya que es la primera estrella de la constelación de la Osa Menor,

Pero la Polar tiene un par de peculiaridades curiosas. La primera es que no se trata únicamente de una estrella, sino de un sistema estelar de tres astros. De hecho, ya en 1780 observaron con los telescopios de la época que la estrella Polar tenía una compañera muy poco brillante. Entonces, pasaron a denominar Polaris A a la que conocemos desde siempre y Polaris B a la nueva compañera.

La cosa no acabó aquí ya que en 1929 advirtieron que el espectro de luz sugería la presencia de una tercera estrella. Esta tercera compañera, pequeña y muy poco brillante, no se pudo ver hasta hace unos pocos años, cuando el *Hubble* pudo fotografiarla. La podían haber denominado Polaris C, pero el caso es que se llama Polaris Ab.

Otro detalle curioso es que no siempre ha sido ella la que señalaba el norte. La Tierra presenta muchos movimientos además de los de rotación sobre sí misma y de traslación alrededor del Sol. Esto hace que lentamente su eje vaya apuntando hacia otros puntos del Universo y, por este motivo, para encontrar el norte hace unos 5.000 años había que buscar la estrella Alfa Draconis. Ahora tenemos la Polar, pero con el tiempo será la estrella Gama de Cefeo la que guiará a los navegantes del futuro. Dentro de 7.500 años será Gama del Cisne, una muy brillante, y en el año 15.000 será Vega de Lira. De todos modos, los amantes de la estrella Polar no tienen que preocuparse: aún señalará el norte durante unos 3.500 años.

Hay que tener cuidado con estos movimientos del cielo. En caso contrario se cometen errores como el que cometió William Shakespeare cuando puso en boca de Julio César las palabras: "...*soy constante como la estrella Polar, que no tiene parangón en cuanto a estabilidad en el firmamento*". Una frase fantástica, pero que el auténtico Julio César no habría pronunciado nunca, ya que en aquel tiempo la estrella Polar no marcaba el norte y sí que se movía a través del firmamento.

Y, finalmente, otra característica de la estrella Polar es que es una *variable cefeida*, un tipo de estrellas que han tenido un papel crucial en la astronomía. La Polar, que se encuentra a solo trescientos años luz de la Tierra, es la cefeida más cercana y, por lo tanto, una de las más estudiadas. El nombre *variable* es porque su brillo va cambiando a medida que pasa el tiempo, pero el caso es que lo hace de una manera rítmica. Durante un tiempo pierden luminosidad, y durante otro periodo la ganan. Así van oscilando, cada una con un ritmo característico y particular.

Ahora bien, aunque su luz cambie con el tiempo, no deja de ser una estrella bastante mayor que nuestro Sol: es casi cincuenta veces más grande.

Una estrella muy curiosa, la Polar. Y con una cierta magia. No es casualidad que la mayoría de los aficionados a la astronomía lo primero que aprendemos, además de la fantástica constelación de Orión, es cómo seguir el camino indicado por Merak y Dubhe, las dos estrellas brillantes de la Osa Mayor, para encontrar precisamente la estrella Polar.

69 / 100

EN EL ESPACIO HACE FALTA
UN BOLÍGRAFO ESPECIAL PARA ESCRIBIR

Uno de los mitos más conocidos de la exploración espacial es el del bolígrafo del espacio. Si buscáis por Internet lo encontraréis en unas cuantas versiones más o menos divertidas, pero un resumen sería este:

"Durante la carrera espacial, en los años sesenta, la NASA afrontó un problema importante. Los astronautas necesitaban un bolígrafo para poder escribir en el espacio, pero con ausencia de gravedad la tinta no fluía. Se pusieron a resolver el problema y, después de invertir 1,5 millones de dólares y unos pocos años, desarrollaron un bolígrafo que contendía un depósito de gas para empujar la tinta y que permitía escribir a gravedad cero, boca abajo y de todas las maneras posibles. Es el bolígrafo espacial. Los soviéticos tuvieron que resolver el mismo problema. Miraron sobre la mesa e inmediatamente encontraron la solución: usaron un lápiz."

De hecho, se pueden encontrar diferentes versiones, pero la idea es la misma: la manera como se complicaron la vida buscando respuestas de alta tecnología a un problema que podía afrontarse con tecnologías simples, baratas y conocidas.

Realmente, el mensaje de la historia es muy claro. Únicamente hay que tener presente que la historia en sí misma es falsa, un mito, una leyenda urbana.

Aunque al resto del mundo nos encanta reírnos del infantilismo de los americanos, es ridículo pensar que fueran tan inocentes. En realidad ellos también usaban lápices al principio de los vuelos tripulados en el espacio.

Ahora bien, si os hace gracia un bolígrafo espacial, lo podéis comprar, porque hay una empresa (que no tiene nada que ver con la NASA) que los ha fabricado y comercializado. Y el caso es que hay astronautas que se lo han comprado para traerlo en misiones orbitales. Entre ellos, el español Pedro Duque.

Pero lo mejor es un texto que escribió el mismo Pedro Duque desde el espacio y que publicaron algunos periódicos. La segunda vez que se fue al espacio, lo hizo desde una nave Soyuz rusa. Allá, su instructor le dio, atado a un cordelito, un bolígrafo normal y le explicó que en realidad los rusos siempre habían usado bolis normales cuando iban al espacio. Pedro Duque lo tomó y, según cuenta, también se guardó uno de los de propaganda de la Agencia Espacial Europea (por si los bolis rusos tenían algún secreto escondido).

Pues el caso es que ¡el bolígrafo normal funcionaba perfectamente en el espacio! ¡No es cierto que la gravedad cero impida que la tinta del bolígrafo fluya!

Desconozco el motivo. Quizás la tensión superficial sea suficiente para forzar la tinta a salir. En la Tierra la gravedad lo impide, pero en el espacio tal vez no.

En cualquier caso, esta historia real nos da un mensaje que es muy interesante y que el mismo Pedro Duque apunta: a veces, pensar demasiado las cosas, darles demasiadas vueltas, tampoco es un buen sistema. Lo mejor es probarlo.

¡Ojo! Con esto no quiero decir que las cosas no haya que pensarlas antes. Pero únicamente con razonamientos no podemos ir muy lejos. Podríamos decir que la filosofía por sí sola no nos resolverá nada, pero la ciencia sin unos planteamientos razonados tampoco es un buen camino. Por eso estos dos campos del conocimiento, la filosofía y la ciencia, resultan tan interesantes y complementarios.

No dejan de ser el arte de plantear las preguntas y el arte de encontrar las respuestas.

70 / 100

NADA PUEDE IR MÁS RÁPIDO QUE LA LUZ

Esta frase parece que esté grabada en piedra en todos los laboratorios de física. Que la velocidad de la luz es la máxima posible es uno de los pilares de la teoría de la relatividad, y los físicos no se cansan de repetirlo cada vez que en una película de ciencia-ficción los autores se las ingenian para superar esta barrera.

A pesar de todo, la frase tal y como se cita habitualmente es incorrecta. De hecho, el comportamiento de partículas que se mueven más deprisa que la luz es de gran utilidad para los físicos e incluso hemos podido ver alguno de los efectos a veces en las noticias de la tele.

La clave es que hay que tener cuidado con la manera como se dicen las cosas. Una palabra puede cambiar el sentido de la frase. Y en este caso, la ausencia de una palabra hace que la afirmación sea falsa. Es cierto que no hay nada que pueda ir más deprisa que la velocidad de la luz *en el vacío*. Pero cuando la luz se mueve a través de otros materiales lo hace más lentamente que en el vacío, y entonces nada impide que partículas u objetos viajen más deprisa. Pueden viajar más deprisa mientras no lleguen al límite absoluto, la velocidad de la luz en el vacío.

La diferencia no es irrelevante. En el vacío la luz se mueve a unos 300.000 kilómetros por segundo. En cambio, dentro del agua únicamente va a poco más de 220.000 kilómetros por segundo. Y si la luz atraviesa un diamante, lo hace a 124.000 kilómetros por segundo.

El motivo de este retraso es que la luz, al ser una radiación (también se puede considerar que son partículas, pero ahora interesa hacerlo como radiación), interacciona con los campos magnéticos y eléctricos del medio que atraviesa, y estas interacciones la retardan. Según el material, las interacciones serán más o menos intensas y la velocidad se modificará más o menos.

Esto quiere decir que, teóricamente, una partícula podría ir casi al doble de la velocidad de la luz..., siempre y cuando se mueva, por ejemplo, por dentro de un diamante.

Pero cuando una partícula, un protón por ejemplo, va más deprisa que la luz dentro del agua, suceden algunas cosas interesantes. Y una es que irá interaccionando con otras partículas y se irá generando una radiación que tiene una forma curiosa. Al igual que un avión cuando va más deprisa que el ruido emite una "onda de choque", las partículas que se mueven más deprisa que la luz generan algo parecido. Esto da lugar a una radiación azulada dentro del agua que se conoce con el nombre de *radiación Cherenkov*, en honor a Pavel Aleksejevic Cherenkov, el físico que describió este efecto.

En la práctica, este efecto es el que genera la típica luminosidad azulada de las piscinas que hay en los reactores nucleares. Allá dentro guardan material radiactivo que emite partículas que se mueven por el agua más deprisa que la luz y que, al hacerlo, emiten esta radiación Cherenkov.

Esta misma luz azulada se ha usado en detectores de partículas para identificar neutrinos o bien rayos gamma de muy alta energía provenientes del espacio exterior.

Por lo tanto, hay que tener cuidado a la hora de decir que nada puede ir más deprisa que la luz. A veces sí se puede ir. ¡Y mucho!

71 / 100

LA GRAN MURALLA CHINA ES LA ÚNICA CONSTRUCCIÓN HUMANA VISIBLE DESDE EL ESPACIO

Esta frase se repite incluso en libros de texto y es una de las más irritantemente absurdas que circulan. Porque decir que una cosa es visible desde el espacio, ¿qué significa? ¿Desde una órbita relativamente baja como la ISS? ¿Desde la distancia de la Luna? ¿Desde los confines del sistema solar? ¿Desde la galaxia de Andrómeda? ¡Todos estos lugares están en el espacio!

La frase tuvo éxito hace algunas décadas, cuando aún no había nadie allí arriba para verificarlo. Desde el punto de vista de los chinos quedaba muy bien disponer de un elemento tan impresionante como una muralla visible desde el espacio. La afirmación parecía sensata y no se perdió mucho tiempo discutiéndola.

Así estuvieron las cosas hasta que los astronautas empezaron a moverse por diferentes órbitas y, simplemente, no veían la muralla. Incluso algún astronauta chino declaró al volver que no había podido observar la mítica muralla, unas afirmaciones que no gustaron mucho al gobierno chino. Esto seguramente debió de tener un cierto eco a nivel diplomático, porque la Agencia Espacial Europea mostró poco después unas fotografías en las que se podía ver la muralla desde la Estación Internacional.

Aquello hizo feliz a todo el mundo, especialmente a los chinos y a los editores de libros de texto, pero la alegría no duró mucho. Poco después la Agencia emitió una disculpa y rectificó lo que había dicho: las imágenes parece que no eran de la muralla, sino de un río.

El problema con la muralla no es, naturalmente, su longitud de más de siete mil kilómetros, sino la anchura. Distinguir una construcción de menos de siete metros de ancho desde allí arriba parece que es pedir demasiado al ojo humano. Si así fuera, mi casa, que tiene más de siete metros de ancho, ¡también tendría que ser visible!

Ahora mismo ya no sé si la muralla se ve o no, pero, en todo caso, de lo que no cabe más duda es de que no es la única construcción humana visible desde allí arriba. Al menos desde una órbita baja.

Por ejemplo, el astronauta Pedro Duque decía que se podían ver con facilidad los invernaderos que cubren gran parte de la provincia de Almería. Una mancha geométrica de color blanco en el extremo sur de la península.

Las pirámides de Egipto, algunas grandes aglomeraciones humanas, e incluso determinadas islas artificiales, también se han fotografiado sin dificultad desde la Estación Espacial. El único problema normalmente es saber exactamente dónde hay que mirar.

Y la palma dicen que por ahora se la lleva el vertedero de basura de Fresh Kills, donde han ido a parar millones de toneladas de desechos provenientes de la ciudad de Nueva York. Tiene doce kilómetros cuadrados y fue clausurado en 2001. De hecho, lo reabrieron temporalmente después de los ataques del once de septiembre para depositar los escombros provenientes de la destrucción de la Zona Cero, pero sus días ya están contados. Existe un proyecto para recuperar la zona y hacer un parque. Tal vez entonces dejará de ser visible.

En cualquier caso, la afirmación y la discusión son realmente infantiles. Basta con alejarse algo más y nada de lo que puedan hacer los humanos resulta visible desde el espacio. Y es que normalmente no recordamos que la Estación Espacial Internacional está a muy poca distancia de la Tierra. Trescientos sesenta kilómetros, que, hablando del espacio, ¡es nada!

Además, sospecho que lo que se puede percibir desde más lejos no es ninguna construcción, sino las señales de destrucción en forma de desforestación y similares.

72 / 100

LA LUNA SOLO PUEDE VERSE DE NOCHE

De pequeños nos decían que de día sale el Sol mientras que es por la noche que salen la Luna y las estrellas. Como generalización la frase es correcta, pero es un error tomarlo al pie de la letra, ya que con frecuencia la Luna también puede verse durante el día. Para comprobarlo basta con mirar el cielo ocasionalmente, algo que aunque parezca mentira, hay mucha gente que nunca lo hace, especialmente los habitantes de las grandes ciudades. Y entonces se sorprenden cuando les dices que la Luna sí se puede ver, a veces incluso al mediodía.

Los movimientos principales de la Tierra y la Luna son sencillos pero se combinan de forma que acaban resultando un poco complicados. Para empezar, la Luna da vueltas alrededor de la Tierra y completa una órbita cada veintiocho días: un ciclo lunar. A lo largo de este ciclo habrá momentos en que estará iluminada directamente por el Sol; es cuando decimos que hay luna llena. Mientras se encuentre en la fase menguante estará iluminada por un lado. En algún momento dejará de estar iluminada, al menos desde nuestro punto de vista, y hablaremos de luna nueva. Y finalmente volverá a verse la claridad por el lado opuesto cuando entre en fase creciente.

Esto quiere decir que la Luna a veces se encuentra situada entre la Tierra y el Sol, mientras que otras veces está en el lado opuesto. Pero todo esto no tiene nada que ver con el hecho de que en la Tierra sea de día o de noche. El día y la noche tienen relación, como todos sabemos, con el giro que hace la Tierra sobre sí misma. De manera que, desde nuestro punto de vista, durante unas cuantas horas estaremos encarados hacia la Luna, esté en la fase que esté, y durante otras horas la Luna se encontrará al otro lado de la Tierra.

Si cuando tenemos la Luna encima resulta que es por la noche, ¡pues excelente! La podremos ver con todo tipo de detalles y perfectamente iluminada sobre el fondo oscuro del firmamento. Luego, a medida que la Tierra vaya girando y la noche avance, la Luna irá escondiéndose por el horizonte hasta que desaparezca. De nuevo, esto es independiente de la fase en la que se encuentre.

El caso es que hay muchas ocasiones en las que tenemos la Luna encima cuando todavía estamos encarados hacia el Sol. Entonces, aunque sea de día, la Luna se puede ver también sin problemas: una esfera o una franja iluminada sobre el cielo azul. Naturalmente la visibilidad es menos clara, puesto que el contraste con el fondo es mucho menos marcado que durante la noche, pero la Luna está ahí. Y se puede ver aunque el Sol esté bastante alto en el cielo.

Lo más curioso es que hay quien se sorprende de este hecho, lo indica que no tienen claros los movimientos de la Tierra y la Luna. En realidad, nadie está obligado a comprenderlos al detalle y realmente hay que pensar un poco antes de tenerlos claros. Al fin y al cabo, tenemos la rotación de unos y otros y las traslaciones alrededor del Sol o de la Tierra, pero también hay las precesiones, las nutaciones y otros muchos movimientos menos evidentes que ya caen de lleno en el campo de los expertos en la materia. Las combinaciones de todos estos movimientos pueden resultar poco evidentes y confusos a primera vista.

Lo que realmente sorprende es el hecho de que no se hayan fijado nunca, que haya quien cree que la Luna no se ve de día, a pesar de que basta con levantar la mirada para comprobarlo. Realmente hay muchas personas que nunca miran el cielo, nunca miran a su alrededor, y si lo hacen es únicamente para mirar aquello que quieren ver, mientras que ignoran olímpicamente todo el resto.

Y siempre es de sabios mirar de evitar esta actitud.

73 / 100

SATURNO ES EL ÚNICO PLANETA QUE TIENE ANILLOS

Saturno es sin duda alguna el lugar más espectacular del sistema solar. Los anillos que lo rodean, constituidos por millones de fragmentos a pesar del aspecto engañosamente sólido que muestran, le dan un aire señorial inigualable. Visto desde el polo, el anillo parece roto por la sombra del propio planeta, pero los diferentes anillos concéntricos se pueden distinguir con una claridad diáfana. Y si lo pudiéramos observar desde alguno de sus satélites tendríamos, con toda seguridad, uno de los mejores paisajes imaginables, con el planeta gigante y los anillos formando un creciente de mil colores extendiéndose hasta llenar la mitad del cielo visible. Una imagen difícil de asimilar por la mente humana, acostumbrada a planetas más modestos.

En nuestro sistema solar, Saturno es realmente el señor de los anillos, pero no es el único planeta que dispone de estas estructuras tan espectaculares a su alrededor. Otros planetas también los tienen, aunque ni mucho menos pueden competir con la espectacularidad de Saturno.

Júpiter, por ejemplo, también cuenta con sus propios anillos. Unos anillos modestos si tenemos en cuenta que hablamos del gigante del sistema solar. En realidad son tan débiles que hasta que las sondas *Voyager* no pasaron por su lado no descubrimos su existencia. Desde la Tierra simplemente no se pueden detectar, pero hace poco otra sonda, la *Galileo*, volvió a fotografiarlos. De manera que, aunque débiles, Júpiter efectivamente tiene tres anillos.

Urano también tiene algún anillo, de nuevo, extremadamente sutil. En 1977 unos astrónomos observaron que el brillo de una estrella se debilitaba temporalmente cuando Urano estaba a punto de taparla.

Aquello sugería que había un anillo alrededor del planeta, pero hasta que, de nuevo, la sonda *Voyager* 2 pasó cerca, no se pudo tener constancia directa de los anillos. En el caso de Urano, los anillos son dos: el uno de color azul y el otro rojo. Un sistema azulgrana de anillos que debe de ser la delicia de los forofos del Barça.

Neptuno también cuenta con anillos, aunque estos resultan de lo más intrigantes. Su descubrimiento fue similar al de los de Urano: por el debilitamiento temporal de una estrella cuando Neptuno estaba a punto de ocultarla. Pero cuando las sondas *Voyager* los fotografiaron, lo que vieron eran bandas muy oscuras, y parecían más bien arcos que anillos completos. El problema es que un anillo completo todavía se puede entender con leyes físicas más o menos sencillas, pero un anillo incompleto ya es mucho más difícil de entender. Lo que parece suceder es que el sistema de anillos de Neptuno está desintegrándose. Fotos recientes los muestran mucho menos completos que hace unas décadas y, de seguir con este ritmo, es probable que alguno de estos anillos incompletos haya desaparecido completamente en menos de un siglo.

De manera que aunque Saturno sea el más espectacular, todos los planetas gigantes de nuestro sistema solar están dotados de sistemas de anillos. Pero casos como el de Neptuno nos indican que los anillos son sistemas inestables y que, si no hay un aporte constante de nuevo material, a la larga acabarán desapareciendo. En este sentido, quizás los humanos hemos sido afortunados al contar con el magnífico espectáculo de Saturno en una época en la que hemos podido desarrollar la tecnología que nos permite admirarlos. Tal vez dentro de unos pocos milenios ya no haya anillos que podamos observar boquiabiertos.

74 / 100

LA LUNA TIENE UN LADO OSCURO

A veces se habla de la cara oscura de la Luna puesto que desde la Tierra siempre vemos la misma parte del satélite. La otra mitad permaneció oculta al ojo humano hasta que *Apolo 8* pudo hacer una órbita a su alrededor. Pero el nombre de *cara oscura* es completamente erróneo y puede sugerir que ahí no le toca nunca la luz del Sol. Es mucho más correcto hablar de *la cara oculta de la Luna*, aunque si fuéramos muy puristas tendríamos que hacer notar que tampoco está particularmente oculta. Únicamente se oculta de las miradas desde la Tierra, pero desde el resto del Universo no hay ningún problema para mirarla.

Lo que sucede con la Luna es que, por efecto de la fuerza de la gravedad de la Tierra y de las leyes de la mecánica, poco a poco fue igualando la velocidad con la que gira alrededor de la Tierra a la velocidad de rotación alrededor de su propio eje. Finalmente se estabilizó, de manera que ahora un día lunar dura veintiocho días terrestres y una órbita lunar dura exactamente el mismo tiempo.

Esto hace que cuando la Luna gira un cuarto de vuelta sobre sí misma, también hace un cuarto de vuelta alrededor de la Tierra, de manera que la cara que miraba a nuestro planeta sigue siendo la misma. Y la parte que permanecía oculta seguirá detrás, sin que tengamos la posibilidad de admirarla.

Pero con respecto a la iluminación por parte del Sol, el comportamiento es como el de cualquier astro. Cuando la Luna se encuentra en cuarto creciente, quiere decir que tan solo vemos iluminada la mitad del satélite. Lo importante es que esto solo se refiere a la parte que vemos. En el otro lado también habrá una mitad iluminada. Y, durante la luna nueva, la cara oculta estará plenamente iluminada.

Ahora ya hemos enviado naves a orbitar la Luna y hemos podido fotografiar y hacer mapas de la totalidad de su superficie. En realidad, antes de que los ojos de los astronautas la pudieran mirar directamente, ya disponíamos de imágenes de aquel lado. La primera se consiguió en 1959, cuando una sonda soviética, la *Luna 3*, pudo fotografiarla. Entonces se observó que la cara que no vemos muestra un aspecto claramente diferente de la cara que conocemos. Al otro lado hay muchos más cráteres mientras que no hay los grandes mares lunares, estas llanuras que identificamos con nuestro satélite. El motivo es que la cara que mira hacia la Tierra está protegida por el propio planeta del impacto de meteoritos, una protección de la que no dispone la cara oculta.

Por lo que hace a las fotografías, una que se incluyó entre las diez fotografías más importantes de la historia tiene una estrecha relación con la cara oculta de la Luna. Y no es ninguna imagen del satélite. Es la imagen de la Tierra sobre el horizonte de la Luna, hecha desde el *Apolo 8* precisamente cuando sobrevolaba la cara oculta de la Luna. En el momento en que la nave salía de detrás del satélite los astronautas pudieron ver nuestro planeta azul emergiendo sobre el horizonte lunar. Y, sin pensárselo mucho, hicieron una foto desde una de las ventanas de la nave.

Cuando aquella imagen se dio a conocer, la humanidad pudo contemplar por primera vez nuestro planeta, azul y frágil, visto desde el espacio profundo. Una de las imágenes que más ha contribuido a crear conciencia planetaria. Fue desde la cara oculta de la Luna donde nos dimos cuenta de que realmente la Tierra es un pequeño oasis de vida en la inmensidad del espacio. Un oasis que hay que cuidar, entre otros motivos porque no tenemos ningún otro.

75 / 100

EN EL ESPACIO, EL CUERPO DE UN ASTRONAUTA SIN EL VESTIDO PRESURIZADO EXPLOTA

Un momento espectacular en algunas películas de ciencia-ficción es cuando alguien es enviado, normalmente con cierta violencia, fuera de la nave sin ningún traje espacial o con el casco abierto. Los resultados suelen ser rápidos y espectaculares: unos momentos de espasmos agónicos y enseguida acaba con el cuerpo, o la cabeza, estallando en una masa sanguinolenta y realmente desagradable. Alguna vez se recrean en el proceso, de manera que en la película *Desafío total* pudimos ver a Arnold Schwarzenegger con la cabeza hinchada y los ojos casi fuera de las órbitas justo antes de que la presión se normalizara.

Pero hay otras obras de ficción en las que aparece un astronauta fuera de la nave, sin casco, y que puede llegar a sobrevivir si consigue regresar al interior de la nave lo bastante rápido. Entonces te preguntas: ¿sin protección podemos sobrevivir en el espacio?

Pues en principio, y si únicamente estamos unos pocos segundos, sí. Además, en ningún caso nos explotaría el cuerpo.

Las condiciones ambientales en el espacio son terriblemente hostiles a la vida, pero incluso en esto tampoco hay que exagerar. Para empezar la temperatura es muy, muy baja, pero esto no quiere decir que nos congelemos inmediatamente. El calor requiere un tiempo para abandonar un cuerpo y en el espacio vacío la transferencia de calor es muy mala. Perderemos calor por irradiación, pero no lo perderemos por conducción, de manera que dispondremos de un ratito antes de congelarnos.

A los pulmones les sucederá lo mismo que les pasa a los submarinistas. El aire que se encontraba a una presión ambiente de una atmósfera, pasará a estar a mucha menos presión, de manera que, como todos los gases, tendrá tendencia a expandirse. Los pulmones son muy eficientes transportando gases, pero no tienen mucha resistencia a la presión, por lo que se hincharán a medida que el aire se expanda y ciertamente pueden llegar a sufrir graves lesiones. Para evitarlo, lo que hay que hacer es simplemente abrir la boca y dejar que el exceso de aire vaya saliendo. Un reflejo que cuesta de vencer, pero que los que practican submarinismo conocen muy bien.

Abrir la boca también será útil para evitar que el aire que tenemos en el interior presione los tímpanos a través de las trompas de Eustaquio. Los tímpanos tampoco son muy resistentes y podrían estallar con una cierta facilidad. Con la boca abierta, las presiones se igualan y tal vez el oído sobreviviría.

Pero el aire de los pulmones no es el único gas que tenemos dentro del cuerpo. En la tripa tenemos habitualmente una determinada cantidad resultante de la función de nuestra flora intestinal. Todos y cada uno de nosotros contenemos, como mínimo, un litrito de gas, que iremos expulsando a lo largo del día en diferentes dosis y de la manera más discreta posible. En el espacio este gas también se hinchará hasta que la fuerza de la musculatura iguale la presión que ejerza el gas. No estaremos muy guapos con la barriga hinchada, pero tampoco es que vayamos a estallar.

Otra cosa que sucede si dejamos un líquido en un lugar sin presión es que se pone a hervir. Y, atención, aquí hervir significa que pasa a estado gaseoso, no que queme. Hay muchos líquidos que en condiciones normales hierven a temperaturas bajo cero. Lo que sucede es que los líquidos pueden pasar a estado gaseoso dependiendo de la temperatura y de la presión. A veces decimos que nos hierve la sangre en las venas, pero esto es muy exagerado precisamente porque la sangre está dentro de las venas. En el espacio la sangre herviría si la dejáramos en un plato, pero dentro de nuestro cuerpo está sometida a presión. Al fin y al cabo, nuestra musculatura y nuestro sistema circulatorio funcionan bajo una determinada presión arterial. Esta presión mantendría la sangre en estado líquido sin problemas. En cambio, las lágrimas o la saliva hervirían al no haber nada que impida que se marchen en forma de gas.

Toda esta situación evidentemente nos causaría la muerte en muy poco tiempo. Muy poco tiempo, pero no inmediatamente. Si fuéramos el astronauta en cuestión y consiguiéramos volver dentro y cerrar la puerta en unos pocos segundos, tal vez aún podríamos contarlo.

¡Y a buen seguro que lo contaríamos un montón de veces!

76 / 100

MARTE SE VE DEL TAMAÑO DE LA LUNA EN EL MOMENTO DE MÁXIMA PROXIMIDAD A LA TIERRA

Esta es una noticia que circula por la red desde hace unos años y siempre en verano. El motivo que la originó era un dato cierto: en agosto de 2003, la distancia entre Marte y la Tierra fue la más pequeña desde hacía muchísimos años. Los dos planetas se encontraron únicamente a cincuenta y seis millones de kilómetros, una minucia a escala cósmica.

La distancia entre la Tierra y Marte varía constantemente ya que cada planeta va siguiendo su órbita a su ritmo particular. En ocasiones se pueden encontrar alejados al máximo, cuando cada uno está situado a un lado diferente del Sol. En cambio, otras veces pasan por el mismo lado y la distancia se reduce. Como las órbitas no son círculos perfectos, sino que tienen formas ligeramente elípticas, en algunas ocasiones la proximidad es más marcada que en otras. Fue por esto que la aproximación del 2003 resultó particularmente notable. En octubre de 2005, por ejemplo, también tuvo lugar un acercamiento que, aunque no fue tan bueno como el de 2003, situó los planetas a sesenta y nueve millones de kilómetros de distancia.

Comparados con los cuatrocientos millones de kilómetros que hay en el punto de máxima separación, se entiende que estos acercamientos se consideren dignos de mención.

Este es el motivo que hace que, cuando se plantea un viaje a Marte, las fechas no pueden ser las que nos apetezcan a los humanos. Tienen que ser las que las leyes de la mecánica celeste nos marquen. Es absurdo enviar una nave cuando los dos planetas están completamente alejados. Nos podemos ahorrar unos cuantos centenares de millones de kilómetros de viaje si se elige un momento en el que estén cercanos. Y lo mismo sucede para regresar a la Tierra. O la nave sale de Marte cuando toca, o se tendrá que esperar un montón de meses hasta que los planetas vuelvan a acercarse.

Con el acercamiento de 2003, el entusiasmo de los forofos de la astronomía salió por Internet y, como suele suceder, alguien añadió datos de cosecha propia exagerando, y mucho, lo que se podría observar. El caso es que, por muy buenas que sean las condiciones de observación, Marte seguirá siendo un simple punto de luz en el firmamento. Al fin y al cabo, la Luna es más pequeña que Marte, pero está incomparablemente más cerca.

Pero estos detalles no impiden la propagación de una noticia por Internet y lo más divertido es que desde 2003, cada año, en verano, vuelve a circular de nuevo. Eso sí, la fecha en la que dicen que tendrá lugar el acercamiento se corrige y pasa a ser la del año correspondiente. ¡Como si los acercamientos entre Marte y Tierra se repitieran cada año cíclicamente! Esto es un error de bulto ya que el año terrestre y el año marciano son diferentes. Marte está más alejado del Sol y, por lo tanto, tarda más en completar una órbita. En Marte, un año dura 687 días, de manera que los acercamientos caen en fechas diferentes cada vez.

Si un día Marte se pudiera ver a simple vista y de un tamaño similar al de la Luna, ya nos podríamos preparar para una buena catástrofe. Un objeto del tamaño de Marte tan cercano a la Tierra tendría un tremendo efecto gravitatorio, de manera que las mareas y las alteraciones en las órbitas de los dos planetas serían espectaculares. Seguramente estaríamos demasiado ocupados intentando sobrevivir a mareas gigantescas para poder mirar boquiabiertos el planeta en el cielo.

Pero da lo mismo. Seguro que los próximos años, cuando llegue agosto volverá a circular la noticia que dice que "El planeta rojo será un gran espectáculo" y que el acercamiento será el más grande que ha habido en muchísimo tiempo. Cuando este mensaje os llegue, simplemente sonreíd y enviadlo a la papelera.

MITOS SOBRE LOS CIENTÍFICOS

77 / 100

EINSTEIN DIJO QUE TODO ES RELATIVO

Afirmar que "todo es relativo" es una manera fácil de salir de alguna discusión. Y si contamos con el apoyo del amigo Einstein, pues aún lo tenemos mejor para evitar que nos lleven la contraria. Además es cierto que en la vida real las cosas se pueden mirar desde muchos y distintos puntos de vista. Que una de las teorías más complejas de la física, como es la teoría de la relatividad, coincida con la sabiduría popular tiene su gracia. Pero las cosas no son exactamente así.

La teoría de la relatividad, a pesar del nombre, no afirma, ni mucho menos, que todo sea relativo. Esto seria muy fácil, y la teoría es más complicada. Lo que Einstein dijo con su teoría es que algunas cosas que nos parecen absolutas, como por ejemplo el espacio o el tiempo, no son tan inamovibles como nos pensamos. Que el tiempo puede transcurrir más o menos rápido para diferentes personas según si estas se mueven o están quietas. Que el espacio también puede modificar sus dimensiones en función de la masa que haya por ahí o, de nuevo, de la velocidad a la cual nos movemos. Y no es que nos hagamos más o menos grandes dentro del espacio, sino que el propio espacio se puede deformar.

Por esto, en física, cuando hablamos de un lugar o de un instante tenemos que especificar en relación a qué lo hacemos. Tu tiempo puede ser diferente al mío. Por esto decimos que es "relativo".

Entonces, si el espacio y el tiempo son relativos, ¿esto no quiere decir que todo lo es? Pues no. Lo que Einstein hizo fue hacernos ver que cosas que parecían absolutas eran relativas, pero al mismo tiempo nos hizo ver que una cosa que aparentemente tendría que ser relativa, en realidad es absoluta. Esta cosa es la velocidad de la luz.

Aquí chocamos con otro hecho que, aparentemente, va contra la intuición. Si mido la velocidad a la que se mueve una pelota parece clarísimo que será relativa. Si la pelota la tiran en el interior de un tren y yo también estoy dentro del tren, mediré una velocidad que no será excesiva. Pero si me lo miro desde fuera del tren me parecerá que va mucho más rápida, puesto que la velocidad de la pelota se añadirá a la del tren. ¡Y no digamos si la mido desde otro tren que se mueva en dirección contraria!

Como cada vez obtendré un resultado diferente, y todos son correctos, es necesario especificar con respecto a qué mido la velocidad de la pelotita de marras. Su velocidad será relativa al observador.

Pues esto que parece tan claro resulta que no se puede aplicar en el caso de la velocidad de la luz.

Lo que tenemos en el caso de la teoría de la relatividad es que tanto da cómo mida la velocidad de un haz de luz. Siempre obtendré el mismo resultado. Da igual si la mido moviéndome en dirección contraria a la del rayo, si me estoy quieto o si voy en la misma dirección. En el vacío, la velocidad que obtendré será de casi trescientos mil kilómetros por segundo.

Por lo tanto, no todo es relativo. Hay una cosa que es absoluta: la velocidad de la luz.

Einstein no lo hizo para complicarnos la vida. En realidad su teoría la desarrolló para explicar por qué motivo los físicos que medían la velocidad de la luz siempre obtenían el mismo resultado. Esto era muy extraño ya que al menos el movimiento de la Tierra alrededor del Sol tendría que causar alguna diferencia que los aparatos con los que contaban en aquel entonces ya deberían detectar. Pero nada. Nunca observaban ningún cambio independientemente de la dirección en que midieran la velocidad de la luz. La genialidad de Einstein fue darse cuenta de que los datos eran correctos y que lo que estaba equivocado era lo que nosotros esperábamos que pasara.

Un dato experimental puede ser erróneo, pero cuando son muchos datos, obtenidos por grupos diferentes y con equipos fiables, lo más probable es que sea la teoría la que no es correcta. Cuando Einstein decidió cambiar la teoría y hacer caso a lo que le decían los datos, descubrió un Universo muy curioso, muy extraño y muy contrario en nuestra intuición. Pero era un Universo que encajaba con lo que los instrumentos medían. El tiempo y el espacio, que parecían absolutos, dejaron de serlo, y la velocidad de la luz en el vacío, que parecía que tenía que variar según las condiciones, pasó a ser absoluta. Nos parece extraño; ciertamente es extraño, pero es lo que hay. Nadie ha dicho que el Universo esté hecho a nuestro gusto.

78 / 100

EINSTEIN ERA UN MAL ESTUDIANTE Y SACABA MALAS NOTAS EN MATEMÁTICAS

Este mito ha sido un consuelo para muchos estudiantes que luchaban infructuosamente con los misterios de las matemáticas o de la escuela en general, y de padres que veían cómo los hijos no progresaban en los estudios. Si incluso el prototipo del sabio que fue Albert Einstein también fue un mal estudiante, ¡aún hay esperanzas de que el niño acabe siendo un genio, a pesar de las malas notas!

Pero, ¡ay! El caso es que esta excusa no sirve. La realidad es que Einstein sacaba buenas notas, incluso muy buenas, y especialmente en matemáticas.

El origen de la leyenda de las malas notas de Einstein parece relacionada con el hecho de que en 1895 Einstein se presentó a las pruebas para acceder al Instituto Politécnico Federal de Zúrich... y no las pasó.

¿Era un mal estudiante? No. El problema fue que el examen incluía una prueba de francés, un idioma que Einstein no dominaba.

Pero lo más flagrante fue el error cometido por algunos de sus primeros biógrafos, que vieron que las notas de Einstein en la escuela eran habitualmente de 1 o 2 y que aunque posteriormente mejoraron, nunca pasó de sacar un 6. Un nivel mucho menor de lo que se espera del gran sabio del siglo XX.

La realidad, sin embargo, es que quien no era muy bueno en su trabajo fue el biógrafo que recogió la información, ¡que confundió el sistema de calificaciones escolares de Suiza y de Alemania!

Ciertamente, Einstein sacaba 1 o 2 en la mayoría de asignaturas al principio de su etapa escolar. Pero es que en aquel tiempo, en Suiza, las notas iban entre el 1 y el 6. ¡Y la máxima puntuación era el 1! Justo a la inversa de cómo puntuamos actualmente. De manera que si el chico sacaba 1 o 2, ¡tenía unas calificaciones excelentes!

Pero parece que esto de ir haciendo reformas educativas no es un invento actual. A lo largo del tiempo todos los gobiernos han ido modificando los planes de estudios y el funcionamiento de las escuelas en general. Y esto a pesar de que los estudiantes siempre salen más o menos igual de formados. El caso es que en un momento determinado, en Suiza hicieron una reforma en la manera de puntuar y las calificaciones se invirtieron. Entonces ya pasó a ser un sistema más pareciendo al nuestro, en el que las notas bajas corresponden a calificaciones bajas. Pero la puntuación seguía siendo del 1 hasta el 6. Por esto Einstein no sacaba nunca notas superiores al 6. ¡Simplemente era la máxima puntuación posible!

Algunos historiadores no tuvieron en cuenta estos detalles. Miraron simplemente las notas y se sorprendieron al encontrar puntuaciones tan bajas. Esto era realmente inesperado, y por otra parte, nos hacía a todos muy próximos al genio, de manera que enseguida dio lugar a la leyenda.

Otra cosa era la opinión que los profesores tenían de Einstein. El sistema escolar de aquel tiempo estaba muy basado en la memorización y en la autoridad de los profesores. Los estudiantes que podían aprender por su cuenta y que mostraban tendencia a tener ideas contrarias a las de la autoridad establecida no estaban bien vistos por los profesores. A su vez, este tipo de estudiantes no tenían que estar muy a gusto en ambientes académicos como aquellos.

Seguramente por este motivo, ni Einstein ni sus profesores acabaron teniendo muy buenos recuerdos los unos de los otros.

79 / 100

LOS CIENTÍFICOS SON GENTE EXTRAÑA

Distraídos, aislados del mundo, asociales, feos, miopes, despeinados, por no hablar del clásico "científico loco". Los tópicos que acompañan a los científicos son de lo más variados, pero casi todos en sentido negativo. Para terminar de arreglarlo, en todas las películas cualquier chico que tenga interés por la ciencia siempre es presentado con gafas, gordito, tímido y más bien feo. Las chicas le ríen las gracias para conseguir que les ayude a hacer algún trabajo, pero una vez terminado siempre se marchan con el deportista simpático, atractivo y que, además, es buen bailarín.

Por esto la gente se sorprende cuando visita un laboratorio de verdad. Esperan poco más que una colección de inadaptados sociales que mantienen conversaciones ininteligibles sobre temas que no interesan a nadie y se encuentran a un grupo de personas de lo más normales.

Y con "normales" no quiero decir que no destaquen en nada, sino que podrían estar en cualquier otro ambiente social sin sorprender. Tal vez hubo un tiempo en que la ciencia fue una actividad solitaria digna de ermitaños, pero hoy en día las cosas han cambiado completamente, aunque parece que mucha gente aún no se ha dado cuenta y sigue con los tópicos de siempre. Los tópicos son útiles para hacer chistes y bromas, pero hay que tener la precaución de no tomárselos muy al pie de la letra si no se quiere caer en el ridículo.

Como la ciencia actualmente se hace en grandes grupos, en la mayoría de institutos o de centros de investigación trabajan centenares de científicos. Y en comunidades de estas dimensiones ya podemos encontrar todos los caracteres típicos de la sociedad. El tipo de personas que hay en cualquier empresa o comunidad y que pronto se pueden identificar. Ciertamente los hay feos y tímidos, pero también los guaperas que siempre ligan, los aduladores que van mejorando su estatus por habilidad social y no por méritos propios, los despistados que pierden todas las oportunidades que les pasan por delante. Los que se quejan siempre por muy bien que les vayan las cosas, los optimistas incorregibles, las personas excelentes que siempre están dispuestas a echarte una mano, y los egoístas que no te ayudan nunca, no vaya a ser que les pases delante. También hay los que ocupan un cargo que les viene grande y los que se pasan la vida criticando al resto del mundo. Finalmente, puedes tener suerte y encontrar un genio de verdad, aunque esto es poco frecuente. Y por encima de todo, hay una gran cantidad de personas que hacen su trabajo correctamente, sin ser grandes genios ni grandes inútiles.

Un grupo social de lo más normal, ¡vaya!

(Que conste que no hablo por la gente de mi instituto, donde todo el mundo sin excepciones es simpático, inteligente y buena persona.) Y, en cuanto al aspecto físico, también resulta una sorpresa para mucha gente encontrar científicos o científicas atractivos. Incluso se ha creado un grupo en Facebook denominado *"We are scientists and we are sexies"*. Desde mi punto de vista masculino, puedo dar fe de la existencia de colegas del sexo femenino realmente atractivas. Según la opinión del resto de chicas del laboratorio o de las asistentes a un congreso algunas son incluso demasiado atractivas. Por algún motivo que no puedo entender, muchos colegas no se creen que en algunas conferencias, mi atención esté totalmente centrada en el fantástico trabajo que expone alguna científica y no en el fantástico físico que luce.

La época en que únicamente se tenían en consideración los valores intelectuales, si es que existió alguna vez, ya quedó atrás hace muchos años. Hay que pensar que muchos científicos acaban fundando sus propias empresas de biotecnología, de nuevos materiales o de informática. Además del producto que quiere ofrecer, un empresario tiene que cuidar su aspecto personal, las relaciones sociales, los contactos políticos y los factores financieros. No se puede ir al banco a pedir un crédito vestido como Jerry Lewis en *El profesor chiflado*.

80 / 100

LOS CIENTÍFICOS SON PERSONAS OBJETIVAS

De nuevo los tópicos. Se supone que la ciencia es una actividad basada en datos objetivos, en interpretaciones objetivas y en valoraciones objetivas. En consecuencia, las personas que se dedican a esto no pueden ser menos que el paradigma de la objetividad. Por esto sorprende mucho cuando ocasionalmente aparecen en la prensa noticias sobre investigaciones fraudulentas, resultados falsos, valoraciones interesadas y ocultación de datos. Como si los científicos no fueran personas normales que pueden estar bajo presión para conseguir resultados, o pendientes de una subvención, o del progreso de su carrera más que del de la ciencia.

Que un político mienta ya se da por hecho, como si fuera parte de su trabajo. No tendría que ser así, pero esto es lo que hay. Si el mentiroso es un banquero, tampoco sorprende mucho. La indignación, más que con el banquero, es con los mecanismos de control de la banca. Como si ya se diera por hecho que el dinero y el poder corrompen. Pero, ¿los científicos? ¿Por qué motivo tendrían que mentir, tergiversar o manipular?

Pues por los mismos motivos que todo el mundo: ambición, poder, dinero...

Hay que tener presente que es bastante complicado valorar el trabajo de los científicos. Es poco realista esperar que cada año hagan un descubrimiento genial. Muchas veces se hacen búsquedas prometedoras que al final no llevan a ninguna parte. Otras veces, son investigaciones poco prometedoras las que esconden la gran sorpresa. Y la manera como un científico presenta su trabajo es a través de las publicaciones especializadas. Para los no expertos son artículos en revistas terriblemente aburridas donde se describen los experimentos que se han hecho, el motivo para hacerlos, los resultados que han salido y la interpretación que se da a todo ello.

Pasados unos años, se valorará la calidad de la carrera de un científico según el número y la calidad de los trabajos que haya publicado.

Y aquí el científico en cuestión se encuentra en un dilema: ¿vale la pena investigar temas de primera línea, punteros, difíciles y arriesgados? Si al final tiene éxito, la jugada es perfecta. Conseguirá buenas publicaciones y obtendrá el reconocimiento general. A partir de aquí le será más sencillo conseguir financiación para seguir investigando y para mantener un grupo de investigación, de manera que las cosas pintarán muy bien en el futuro.

Pero hablamos de investigaciones difíciles y arriesgadas. Puede ser que al final no salga nada. Que los experimentos no den resultados claros y que las publicaciones no salgan. Por definición, cuando investigas lo desconocido no se sabe lo que se encontrará. Por lo tanto, tal vez sea preferible investigar líneas más sencillas, menos arriesgadas, más conservadoras. Los resultados que se obtengan no serán nada del otro mundo, pero permitirán ir generando publicaciones. Quizás no de primerísima línea, pero si se maquillan un poco y se venden con gracia puede quedar un historial suficientemente arregladito. Lo que sucede es que esto se nota. Esta manera de hacer las cosas permite ir tirando durante un tiempo, pero alguien que sea realmente ambicioso, sabe que con esta estrategia nunca obtendrá el reconocimiento y el éxito al que aspira.

Por lo tanto, algunos deciden apostar fuerte. Y, claro está, no todos logran sus objetivos.

Es entonces cuando la tentación de arreglar unos datos, de eliminar los experimentos que no salen como se esperaba y de maquillar un poco las cosas es muy fuerte. Algunos ceden, por supuesto. Es un poco absurdo ya que pronto otros intentarán reproducir tu trabajo y verán que las cosas no salen. Pero la presión del momento puede empujar a la gente a hacer tonterías. Esto sucede en la ciencia igual que en todos los ámbitos de la vida.

Quienes se dedican a la gestión de la ciencia ya saben que las cosas no son fáciles y que vale la pena arriesgar en investigaciones que tal vez no llevarán a ninguna parte. Incluso existen programas de financiación para ideas extremadamente novedosas, arriesgadas o ingeniosas basadas en pocos datos previos. En resumen, para jugársela. Lo que se intenta es evitar que todo el mundo investigue aquello que ya se conoce, únicamente para asegurarse el pan. Como en todo, hay que encontrar un equilibrio, y no es nada fácil.

81 / 100

EINSTEIN GANÓ EL PREMIO NOBEL POR LA TEORÍA DE LA RELATIVIDAD

Conseguir un gran éxito en algún aspecto de nuestra vida es una cosa que a todos nos hace ilusión. No importa a lo que nos dediquemos, triunfar siempre resulta gratificante. Pero a veces el triunfo tiene efectos secundarios, y uno de estos efectos inesperados tiene que ver con Albert Einstein. Él es el paradigma de sabio, de hombre de ciencia que generó una teoría, la de la relatividad, que cambió nuestra visión del Universo y que abrió las puertas a todo un nuevo mundo. No es sorprendente que fuera galardonado con el premio Nobel de Física en 1921. Pero el caso es que aquel premio no le fue concedido por la teoría de la relatividad. Si Einstein ganó el Nobel ¡fue porque explicó el efecto fotoeléctrico!

Y aquí hay la paradoja del éxito. Un gran triunfo (la relatividad) llegó a enmascarar otro gran triunfo (el efecto fotoeléctrico). A lo mejor es que no estamos acostumbrados a que el éxito visite dos veces a la misma persona. En todo caso, esto demuestra que Einstein era un fuera de serie.

Y explicar el efecto fotoeléctrico realmente fue todo un hito. Ya hacía tiempo que los físicos habían observado que si iluminaban determinados materiales con luz se producía una emisión de electrones. En principio esto no tendría por qué ser una sorpresa. La luz, que no deja de ser una radiación electromagnética, cedía energía a los electrones y estos aprovechaban la energía para escapar de la atracción del núcleo del átomo e irse a "dar un paseo". En otras palabras, la luz hacía que se generara electricidad.

Pero lo curioso y desconcertante era que los electrones únicamente empezaban a saltar si la luz tenía una determinada frecuencia. Con frecuencias inferiores, simplemente no sucedía nada. Y a partir de aquel punto, a medida que aumentaba la frecuencia de la luz, los electrones marchaban más deprisa, pero no se marchaban más electrones. El número de electrones dependía de la intensidad de la luz, no de su frecuencia.

Hasta entonces la luz se consideraba una onda. Por esto se habla de longitud de onda y de frecuencia de la radiación, es decir el tamaño y el número de ondas que llegan por segundo. Poco más o menos, como las olas del mar.

Pero con esta imagen no se podía explicar este fenómeno. Y aquí entró en juego la genialidad de Einstein. Consideró que la luz no era una onda, sino una partícula: el fotón.

Con este punto de vista resultó fácil interpretar lo que pasaba. Si los fotones no tenían suficiente energía (la frecuencia), en ningún caso podrían hacer saltar un electrón. Pero a partir de una determinada energía ya podrían hacerlo. Y cuanto mayor fuera la energía, el electrón saldría disparado con más velocidad. Podríamos decir que, cuanto más fuerte sea el puntapié que le demos a los electrones, estos saldrán disparados a mayor velocidad. Pero, si lo que queremos es que salgan muchos electrones, lo que hace falta es que lleguen muchos fotones (la intensidad de la luz), y, por supuesto, que estos tengan la energía mínima para hacer mover los electrones.

Esto quería decir que la luz no era exactamente como las olas, que pueden ser de cualquier tamaño. La luz se comportaba como partículas que podían tener un valor u otro, pero no los valores intermedios. Einstein hizo una elegante demostración matemática, que representó uno de los inicios de la mecánica cuántica.

El caso es que actualmente usamos el efecto fotoeléctrico en muchos aparatos cotidianos: desde puertas que se abren cuando al cruzarlas tapamos un haz de luz, hasta detectores de humo para prevenir incendios o placas solares para generar energía eléctrica a partir de la luz.

Y nos podemos preguntar: ¿cómo no le dieron el premio Nobel por la teoría de la relatividad? Pues seguramente porque la relatividad resultaba demasiado extraña y controvertida, incluso para el comité Nobel.

MITOS HISTÓRICOS

82 / 100

LOS VIKINGOS LLEVABAN CASCOS CON CUERNOS

Durante siglos fueron el terror de los pueblos de la costa europea. Eran navegantes formidables y guerreros feroces. Sus ataques resultaban fulminantes, rápidos, sanguinarios, y marchaban dejando un rastro de fuego, destrucción y muerte. Venían de los países nórdicos, Dinamarca y Noruega sobre todo, pero sus expediciones golpearon toda Europa, llegaron a Asia e incluso alcanzaron las costas de América mucho antes que Colón.

En realidad, uno de los secretos del éxito de los vikingos era que disponían de una de las mejores y más avanzadas armas de aquella época: sus barcos de guerra, los *drakkars*. Aquellas naves ligeras, resistentes y manejables les permitían llegar cuando nadie lo esperara, desembarcar un número increíblemente grande de guerreros y, después de la matanza, marchar tan deprisa como habían llegado. Al ser muy ligeras, podían remontar ríos hasta muy tierra adentro. Y si hacía falta, podían arrastrarlas por tierra firme para pasar de un río a otro.

Fue gracias a los *drakkars* que los vikingos pudieron atacar París después de remontar el río Sena. Y con los *drakkars* llegaron hasta el interior de Rusia.

Sus expediciones tuvieron un efecto demoledor para la mentalidad de los habitantes de aquella época. Aunque hay que matizar que no siempre actuaban como piratas y buena parte de las expediciones vikingas eran para comerciar. De hecho, establecieron una de las principales redes de comercio en el norte de Europa, que llegó a permitir que los habitantes de Islandia cambiaran pieles de foca por especias provenientes de China.

Pero si un día miráis grabados originales de la época vikinga, notaréis enseguida que falta una cosa. Hay imágenes de guerreros preparados para la batalla, de guerreros colocados dentro de los barcos y de soldados victoriosos celebrando sus éxitos. Pero no hay ninguno que lleve el característico casco con cuernos.

Es muy curioso, porque en el imaginario popular los cascos de los vikingos siempre lucen unos cuernos que les dan un aspecto todavía más feroz. E incluso en los dibujos animados, *Vicky el vikingo* ya lleva sus pequeños cuernos pegados al casco.

Pues el caso es que, a pesar de todo, esto de los cuernos es absolutamente y rotundamente falso. Los vikingos nunca llevaron cascos con cuernos.

Y, pensándolo bien, tiene su lógica, puesto que ningún guerrero sería tan tonto de ir con un casco que fácilmente podía engancharse en cualquier lugar, o con unos cuernos de los que los enemigos podían tirar para hacerlos caer o, cuando menos, para dejarlos sin casco.

En la guerra, en la batalla, lo que importa es la funcionalidad. El casco sirve para protegerte la cabeza de las heridas que te puedan causar los enemigos. Y unos cuernos no servirían para nada más que para incordiar. Por esto a ningún vikingo se le pasó por la imaginación añadir al casco unos elementos parecidos a unos cuernos.

El origen de la imagen de los vikingos con cuernos parece que proviene de los monasterios de la época medieval. Los monjes querían recalcar el terror que causaban aquellos piratas nórdicos, la muerte y la destrucción que iban asociadas a sus ataques, el mal absoluto que representaban. Por esto los empezaron a representar como demonios. Y para hacerlo, les añadieron los cuernos característicos de los demonios. Era una imagen simbólica que con el tiempo pasó a considerarse, erróneamente, una representación real.

Lo más interesante es que aquellos cuernos añadidos para resaltar el mal y el miedo han acabado por ser un elemento simpático de la mitología nórdica. Ahora las estatuitas de vikingos con sus cuernos llenan las tiendas de recuerdos de las turísticas ciudades escandinavas y ya no causan ningún miedo a nadie. Algo que, mirándolo bien, es toda una suerte.

83 / 100

EN EL AÑO 2000 EMPEZÓ EL SIGLO XXI

Cuando se acercaba el año 2000 sucedió algo muy curioso. En muchos periódicos, en muchos foros de Internet y en muchos bares se mantenían apasionadas discusiones sobre cuándo empezaba el siglo XXI. Era curioso, porque no se trataba de una cosa que fuera opinable, sino que tenía una respuesta clara y precisa. El año 2000 era el último año del siglo XX, y el siglo XXI empezaría el 1 de enero de 2001.

Un siglo tiene cien años, empieza el día 1 de enero del primer año, el año 1, y acaba el 31 de diciembre del año 100. El siguiente siglo empezará al día siguiente, el 1 de enero del año 101, y acabará el último día del año 200. Y así sucesivamente.

Y no, no hubo ningún año 0. En nuestro calendario, contamos desde el nacimiento de Cristo. Aquel fue el año 1, mientras que el año anterior era el año 1 antes de Cristo. Sería absurdo poner un año 0, puesto que nunca contamos nada empezando por la cifra 0. Cuando un niño nace, no decimos que está en el año 0 de su vida. Está en el primer año, que es el que celebrará cuando lo complete, el día de su aniversario. Entonces diremos que ya tiene un año, ¡no que ha cumplido cero años!

Del mismo modo que, si nos tienen que pagar cien euros, no estaremos satisfechos hasta que haya caído en nuestro bolsillo, y del todo, el euro que hace cien.

Pero esto resultaba especialmente enojoso en el año 2000. Una cifra tan redonda, con tantos ceros, tenía que ser el inicio del nuevo siglo, del nuevo milenio. El número 2001 resulta mucho menos atractivo para ser el inicio de nada.

En consecuencia, era normal que la gran fiesta fuera a principios del año 2000. Al aparecer los ceros todos lo celebramos con entusiasmo y con la sensación de estar empezando algo nuevo. Y estoy seguro de que todos los científicos también lo festejaron con la misma alegría. De todos modos, y por grande que fuera la fiesta, esto no cambia el hecho de que lo que iniciábamos era el último año del siglo XX. Y que aún faltaba un año para inaugurar el tercer milenio de nuestro calendario.

Lo que resultaba realmente curioso era la manera como mucha gente defendía que en el año 2000 empezaba el nuevo siglo. Daban igual los razonamientos o las explicaciones de los expertos. Todo el mundo se volvió repentinamente experto en calendarios, y se usaban argumentos de lo más inverosímiles, e incluso absurdos, para defender lo que simplemente era el profundo deseo de que la estética coincidiera con el calendario.

Además, si les llevabas la contraria o les hacías notar que estaban equivocados, enseguida te trataban como un aguafiestas testarudo.

En realidad estas discusiones no aportaban mucho al conocimiento de los calendarios o de la manera de contar cien unidades, pero resultaban muy clarificadoras sobre la naturaleza humana. Si una cosa nos gusta, podemos tergiversar la realidad como haga falta para hacer que coincida con nuestras expectativas. Nos podemos engañar sin ninguna sutileza y podemos llegar a dar por válidos argumentos totalmente insostenibles.

Al final lo que quedó claro es que la realidad es terca, pero que las personas lo pueden ser aún más. Todavía hoy hay quien sigue convencido de que la gran fiesta de la noche en que empezaba el año 2000 era la del inicio del siglo.

Ellos se lo pierden. Yo disfruté de la gran fiesta del 2000, y el año siguiente volví a celebrar que, entonces sí, iniciábamos un nuevo siglo y un nuevo milenio.

Si se podían hacer dos celebraciones, ¿por qué limitarse únicamente a una?

84 / 100

EN EL ZODIACO HAY DOCE SIGNOS

Si hay una cosa que pone muy nerviosos a los astrónomos es que los confundan con astrólogos. Es comprensible, ya que hay pocas cosas más opuestas a la ciencia de la astronomía que la astrología. Pero el tema de los horóscopos, del efecto de los astros sobre lo venidero, sobre el carácter de las personas o sobre los grandes acontecimientos mundiales, tiene un innegable atractivo mágico que explica por qué hay una sección fija dedicada al horóscopo en la prensa.

¡Y esto a pesar de que la astrología no resiste un mínimo análisis riguroso! Muchas de las correlaciones que hace milenios se hicieron en la antigua Mesopotamia han ido cambiando a medida que íbamos conociendo más y más el Universo. Se descubrió Urano, después Neptuno y a continuación Plutón, y la astrología les adjudicó un signo y unos efectos. Ahora que Plutón ha dejado de considerarse un planeta, o que se descubren nuevos mundos, como Eris y otros, no tengo claro lo qué harán con los horóscopos.

Además, hace mucho tiempo que se conoce un movimiento sutil de la Tierra conocido como *precesión de los equinoccios* que hace que los cálculos de los antiguos diseñadores del horóscopo vayan quedando poco a poco obsoletos. En teoría, los nacidos bajo el signo de Aries lo son porque durante aquel periodo del año el Sol pasa por delante de la constelación de Aries. Pero esto era antes. Ahora, y por culpa de la precesión de los equinoccios, los nacidos bajo Aries en realidad nacen cuando el Sol pasa por Piscis.

Pero da lo mismo. No dejaremos que una bonita creencia se estropee por unos fríos datos.

Ahora bien, algunos datos resultan enojosos. Por ejemplo, el horóscopo está constituido por doce signos, que corresponden aproximadamente a los doce meses del año. Pero en el zodiaco no hay doce constelaciones. ¡Hay trece!

Cuando el Sol hace su viaje aparente durante todo un año, lo hace siguiendo una línea imaginaria alrededor del cielo que se denomina *eclíptica*. Los antiguos describieron una serie de constelaciones hechas agrupando estrellas de manera que resultaran figuras imaginativas. Las constelaciones que se encuentran sobre la eclíptica se denominan zodiaco porque la mayoría se corresponden con animales, reales o imaginarios. Como si fuera un zoo.

Pero entre Escorpión y Sagitario resulta que hay una constelación llamada Ofiuco (el Serpentario), y esta se la saltaron. Seguro que hay motivos históricos para justificarlo pero de nuevo chocamos con las arbitrariedades del horóscopo, aunque hay tantas que da lo mismo. De todos modos, alguien que hubiera nacido aquellos días del año, ¿sería escorpión?, ¿o realmente tendría que decir que es de Ofiuco? ¿Qué tiene de malo el pobre Ofiuco? Quizás alguien que no está de acuerdo con su signo es porque en realidad ha nacido bajo el signo de Ofiuco, ¡con unas características totalmente diferentes! Y, mirándolo bien, ¿cuáles son las características de los de Ofiuco? Y finalmente... ¿quién las decide?

Es un tipo de discusión que, simplemente, no tiene sentido. Una creencia es una creencia. Si alguien cree firmemente que la forma en que le cae la caspa de los cabellos tiene alguna influencia sobre su futuro, pues difícilmente se puede discutir nada.

Lo realmente enojoso es cuando aparecen noticias informando que algún presidente de los Estados Unidos tomaba decisiones importantes en función de los consejos de sus asesores astrológicos. Entonces sí hay que recordar que el horóscopo es divertido, que es útil para entablar conversaciones, que a veces permite ligar..., pero que no tiene ninguna validez real.

Desgraciadamente, esto tampoco sirve de nada. Un astrólogo como Dios manda dirá enseguida que soy yo quien está equivocado pero que, como buen ejemplo de alguien nacido bajo el signo de Aries, defiendo mis convicciones con entusiasmo y sin pensarlo mucho.

Naturalmente, si fuera Cáncer argumentarían que lo que pasa es que soy muy cerrado, y si fuera Capricornio dirían que me niego a aceptar cosas poco racionales, y si fuera... Está bien, esto de tener siempre una explicación para lo que sea. Por supuesto es trampa, pero qué le vamos a hacer.

85 / 100

EN LA ÉPOCA DE COLÓN NO SABÍAN QUE LA TIERRA ERA REDONDA

Habitualmente nos encanta sentirnos más listos que los demás. Es una actitud muy humana, pero que con demasiada frecuencia nos lleva a ser injustos, a minimizar los conocimientos o las aptitudes de los otros y a sobrevalorar ampliamente los nuestros. Y esto lo hacemos de manera individual, pero también colectiva. Cada sociedad cree que sus valores, su gastronomía, su historia son mejores, más interesantes y más dignos de reconocimiento que los de las demás. Finalmente, de manera aún más colectiva, también tenemos tendencia a creer que vivimos en la mejor de las épocas posibles.

A veces decimos que otras épocas eran mejores, que comían más sano o que se comportaban de una manera más noble, pero en realidad no nos lo creemos y simplemente expresamos cómo nos habría gustado que hubieran sido los tiempos pasados. La realidad es que acostumbramos a pintar a nuestros antepasados como buena gente, un poco bestias y, sobre todo, profundamente ignorantes. No es porque sí que a menudo se hace referencia a la época medieval como "los siglos oscuros". Y el paradigma de la ignorancia de los hombres medievales era su creencia de que la Tierra era plana. Hemos oído decir mil veces que los supersticiosos marineros de la época creían que más allá del horizonte el mar se abría a un espantoso abismo, puesto que la Tierra la veían evidentemente plana.

Pero entonces llegó Cristóbal Colón y, engañando a sus marineros, los arrastró hasta más allá del horizonte, de manera que además de descubrir América, demostró que la Tierra no era plana sino redonda.

Una imagen satisfactoria para nuestra imaginación, pero completamente equivocada. En realidad, que la Tierra es redonda era conocido como mínimo desde la época de los antiguos griegos. Eratóstenes de Alejandría se dio cuenta de que la Tierra era redonda al observar que, en el mismo día del año y a la misma hora, un obelisco situado en la ciudad de Siena no hacía sombra, mientras que otro situado en Alejandría sí la hacía. La explicación de esto era que la Tierra era una esfera y los rayos del Sol llegaban con diferentes ángulos a las dos ciudades. Con esto y un poco de trigonometría, llegó incluso a calcular el diámetro de la Tierra con notable exactitud.

La idea de que la Tierra fuera redonda tampoco fue una sorpresa para nuestros nobles antepasados. El Sol y la Luna, los únicos astros que podían ver a simple vista, también tenían forma esférica. Y la esfera se consideraba una figura geométrica perfecta, de manera que ya les estaba bien. Durante muchos siglos, el principal error que cometían no era la forma de la Tierra sino el hecho de situarla en el centro del Universo.

Y todo este conocimiento no cayó en el olvido, como a muchos les gusta pensar. De hecho, basta con mirar antiguos grabados de los reyes de la época medieval para notar que habitualmente están representados con un cetro en una mano y una esfera con una cruz encima en la otra. Esta esfera, este orbe, representaba el mundo y la cruz simbolizaba el poder de Dios sobre el mundo. De manera que ellos sabían bastante bien qué forma tenía nuestro mundo. Otra cosa es que dispusieran de los medios técnicos para navegar hasta tan lejos. Colón pensaba que sí, y se la jugó. El engaño que hizo a la tripulación fue el de minimizar la distancia que tenían que recorrer. Como si las dimensiones de la Tierra fueran más reducidas. Un error de cálculo o un engaño deliberado, pero el caso es que funcionó.

Ya lo dicen, que el mundo es de los valientes.

86 / 100

LA PERRA LAIKA FUE EL PRIMER ANIMAL QUE PASÓ UNOS DÍAS EN EL ESPACIO

En los años sesenta, en plena carrera espacial, un animal se hizo famoso en todo el mundo. La perra Laika fue el primer ser vivo que se envió al espacio a bordo de la nave *Sputnik 2*. La propaganda soviética explicó que el animal había sido entrenado para adaptarse a las reducidas dimensiones del habitáculo y que era alimentado con una comida de consistencia gelatinosa y muy hidratada para que no le faltara agua.

Laika era una perra abandonada que fue capturada en las calles de Moscú. No la escogieron porque sí. Consideraban que los perros que se han tenido que buscar la vida por sí solos debían de ser más adaptables y resistentes que los que siempre han vivido cuidados por sus amos. Laika no era el único animal que se entrenó. Dos perros más, llamados Albina y Mushka, también fueron adiestrados, colocándolos en habitáculos progresivamente más pequeños durante unos días hasta adaptarse a las dimensiones de la cápsula.

Inicialmente también se dijo que después de una semana en el espacio la nave volvería a la Tierra gracias a un sistema de paracaídas. Incluso se hicieron fotos de la perrita al salir de la nave después del aterrizaje.

Enseguida, sin embargo, empezaron los desmentidos. Las imágenes de la perra de regreso a la Tierra resultaron ser un montaje que se hizo evidente cuando alguien hizo notar que lo que salía de la nave era un perro y no una perra. Las autoridades soviéticas se desentendieron de aquella historia y reconocieron que la nave no tenía ningún sistema para volver a la Tierra. Dijeron que, pasada una semana, y antes de que se le agotara el oxígeno, se había aplicado una eutanasia indolora a la pobre Laika.

Pero esto seguía siendo una versión maquillada de la realidad. Pronto aquella presunta semana en el espacio se redujo a cuatro días, y poco a poco los rumores fueron creciendo. Pero en aquellos tiempos el hermetismo estaba a la orden del día y no había manera de saber a ciencia cierta lo que había sucedido. La verdad no se supo hasta años después, cuando el muro de Berlín ya había caído..

En 2002, Dimitri Malashenkov, un miembro del Instituto de Problemas Biológicos de Moscú, reveló que la pobre Laika solo sobrevivió unas pocas horas al lanzamiento de la nave. El estrés causado por el pánico y, sobre todo, las altas temperaturas causaron la muerte de la pobre perra antes de las siete horas de vuelo, cuando apenas había hecho un par de órbitas al planeta.

El científico reconoció que debido a las prisas por la propia inercia de la carrera con los americanos, el diseño del sistema se terminó sin darles tiempo a preparar un sistema de control de la temperatura de la cápsula que funcionara correctamente. Lo importante entonces era sobre todo el efecto propagandístico, mientras que el destino de Laika no importaba mucho a los que tomaban las decisiones a alto nivel.

Después de Laika, la Unión Soviética aún envió algunos perros más al espacio. Hasta una docena, de los cuales unos pocos pudieron volver vivos al planeta. Pero toda la fama, potenciada por la maquinaria de propaganda estatal, fue, naturalmente, para la desafortunada pionera, Laika.

MITOS URBANOS Y CONSPIRACIONES

87 / 100

LAS CAJAS NEGRAS SON CAJAS Y SON NEGRAS

Cada vez que hay un accidente de avión, una de las primeras preocupaciones de los equipos de rescate es localizar las cajas negras. En estas cajas hay los datos de vuelo del avión y las grabaciones de lo que se habló dentro de la cabina. Con esto, los investigadores disponen muchas veces de datos imprescindibles para aclarar la causa del accidente.

Por supuesto, estas cajas, que los aviones llevan por duplicado, están especialmente protegidas y hechas con un material particularmente resistente. Una broma habitual es preguntar por qué no se hace todo el avión con el material con el que se hacen las cajas negras.

Y con este nombre lo habitual es imaginarse una caja metálica de color intensamente negro. Pero, obviamente, esto sería una tontería. Las cajas hay que encontrarlas cuando ha habido un accidente aeronáutico, por lo tanto se han diseñado para que sean muy fáciles de encontrar. El negro sería un color muy poco apropiado para facilitar la búsqueda, de manera que están pintadas de color naranja, amarillo o rojo, y normalmente fosforescentes.

Este detalle del color *fosforito* de las cajas negras les hace mucha gracia a los periodistas, que a menudo lo mencionan cuando hablan. La cuestión que se plantea entonces es: ¿por qué motivo les han puesto este nombre? ¿Por qué denominamos *caja negra* a una caja que es de colores?

Pues porque inicialmente las cajas negras no eran estos enseres añadidos al diseño del avión. Una caja negra es un concepto abstracto que se usa habitualmente en muchas ciencias.

En muchos campos del conocimiento hay situaciones en las que sabemos con seguridad que pasan cosas, pero ignoramos en detalle cómo pasan. La diferencia es importante, puesto que obviamente saber que una cosa sucede no quiere decir que comprendamos cómo pasa. Un físico, por ejemplo, puede analizar una partícula que tiene determinadas características en un momento concreto y que ha adquirido otras distintas un instante después. Pero, ¿cómo lo ha hecho?, ¿por qué orden?, ¿generando o consumiendo qué energías?, son detalles que quizás ignora. Como un contable, que conoce el dinero que entra y el que sale de un banco, pero que ignora qué se ha hecho con el dinero cuando estaba dentro del banco.

Esta es una situación muy frecuente en la investigación, y entonces hablamos de la caja negra: una manera metafórica de decir que la partícula ha entrado en una caja y que ha salido convertida en una cosa diferente. El concepto de negro hace referencia al hecho de que no podemos ver qué es lo que ocurre dentro de la caja. Únicamente conocemos las entradas y las salidas.

Un ejemplo de caja negra podría ser nuestro cerebro. Allí llegan impulsos nerviosos y se generan pensamientos, pero cómo tiene lugar este paso simplemente lo ignoramos. El punto crucial sucede dentro de una "caja negra".

Las de los aviones son unas cajas físicas, pero tienen en común con las imaginarias de los científicos el hecho de que dentro hay cosas guardadas que no salen al exterior. La información guardada dentro de la caja negra del avión no se puede modificar ni puede salir, de manera que se mantiene inaccesible en su interior.

La gran diferencia, naturalmente, es que cuando los científicos consiguen averiguar lo que había dentro de la caja negra lo celebran. Quiere decir que han desentrañado un mecanismo hasta entonces desconocido. En cambio, cuando hay que recurrir a las cajas negras de los aviones, normalmente es un motivo de lamentaciones ya que algún accidente ha obligado a recurrir a aquella información cuidadosamente almacenada.

Las de los aviones son unas cajas negras que no son negras y que, cuantas menos veces tengan que abrirse, mejor.

88 / 100

ES BUENO TENER CACTUS CERCA DEL ORDENADOR, PORQUE ABSORBEN LAS RADIACIONES

Lo lamento, pero si tenéis un cactus junto al ordenador espero que sea por motivos estéticos o por afición a este tipo de plantas, porque si lo que pretendéis es reducir las radiaciones que recibís, no os servirá de nada.

Este mito, divulgado convenientemente por algunos vendedores de cactus, tiene su origen en un hecho que sí es cierto, pero del que han sacado una conclusión que resulta bastante absurda. El hecho real es que los cactus resisten bastante bien las radiaciones. Algo que, en principio, es muy bueno y útil pero únicamente para el cactus, no para nosotros.

Que los cactus absorban las radiaciones quiere decir que pueden resistir una dosis de radiación superior al resto de vegetales sin que se noten alteraciones en su fisiología. Se piensa que es por este motivo que los cactus pueden vivir en lugares particularmente hostiles, como por ejemplo los desiertos, y en particular los desiertos andinos, que debido a la altitud están expuestos a una importante irradiación solar.

Pero enseguida tendríamos que darnos cuenta de que esta leyenda urbana no especifica qué tipo radiaciones absorbe el cactus. ¿Las gammas? ¿Las ultravioletas? ¿Las infrarrojas? Sin embargo, la luz también es una radiación, de manera que tal vez tener un cactus en la habitación ¡hará que se oscurezca la pantalla del ordenador!

Otro detalle que hay que considerar es que las radiaciones (del tipo que sea) no tienen ojos, ni piernas, ni tampoco sienten una especial atracción por los cactus. Cuando explican la presunta utilidad de estas plantas junto a los ordenadores, parece que las radiaciones estén dotadas de una característica especial que les permite detectar los cactus e ir, amorosas, hacia ellos. En realidad, el cactus recibirá, imperturbable, las radiaciones que sean enviadas en su dirección, pero las que no le apunten directamente seguirán su camino sin ningún problema. Y es que las radiaciones tienen la costumbre de ir en línea recta. De manera que las que salgan de la pantalla del ordenador y apunten a nuestros ojos, llegarán sin problemas aunque tengamos el ordenador dentro de un invernadero lleno a rebosar de cactus.

Si lo que queremos es que nos proteja, habría que poner un montón de cactus entre la pantalla y nosotros. Un sistema realmente incómodo y poco práctico, ya que nos taparía completamente la visión de la pantalla. Otro sistema sería simplemente apagar el ordenador y dedicarnos a otra cosa, pero a veces esta opción no es posible.

De todos modos, tampoco hay que preocuparse mucho a no ser que seamos unos auténticos adictos al ordenador. Las nuevas pantallas cada vez emiten menos radiaciones y ya no hay que pensar tanto en hipotéticos mecanismos que capten las radiaciones y se las lleven lejos de nuestra cara.

Ahora bien, aunque de entrada toda esta historia de los cactus antirradiación hace gracia, si lo piensas un poco resulta enojosa, sobre todo cuando lo ves anunciado en los comercios. Seguro que vender un cactus anunciando en la etiqueta sus propiedades antirradiaciones entra de pleno en de lo que se conoce como "publicidad engañosa".

89 / 100

UNA CUCHARILLA EN EL CUELLO DE LA BOTELLA HACE QUE EL CAVA NO SE DESBRAVE

Este es otro de los mitos que generan pasiones y que sus defensores mantienen contra toda evidencia. La historia es muy conocida: una botella de cava de la que nos hemos bebido únicamente la mitad. Si la guardamos sin más en la nevera será imbebible al día siguiente, puesto que se habrá desbravado completamente. Sin gas, sin sus burbujas, el cava pierde completamente su personalidad. Entonces alguien recuerda que si se pone una cucharilla de café colgando del cuello de la botella, el líquido se mantendrá tal y como está en aquel momento y al día siguiente lo podremos consumir sin problemas.

Y si muestras un cierto escepticismo normalmente te encuentras una respuesta irritada, que afirma que aquello funciona. Que lo han probado muchas veces y que el cava, al día siguiente, estará perfectamente.

Pero, ¡ay! Llega el día siguiente y el cava está, como no puede ser de otra manera, completamente desbravado. Entonces es cuando llega el momento en que aseguran que no entienden lo que ha sucedido, porque aquel sistema funciona perfectamente. Que lo han probado en otras ocasiones y que conocen gente que lo ha hecho y siempre (excepto aquel día) ha funcionado.

Y no. No sirve de nada mencionar que en realidad, y por lo que podéis recordar, cada vez ha sucedido lo mismo.

El problema es que los gases se comportan según unas leyes físicas que conocemos bastante bien. Entre sus características está la capacidad de disolverse en los líquidos en cantidades determinadas y bien conocidas. Dentro de un litro de agua podemos poner una cierta cantidad de gas carbónico, pero no más. Llega un momento en el que el agua ya no admite más gas carbónico y entonces decimos que está "saturada". Para cada líquido y para cada gas en particular hay unas cantidades de saturación diferentes, pero siempre hay un límite.

Lo que pasa es que este límite depende de varias cosas, entre ellas la temperatura y la presión. Si bajamos la temperatura podremos añadir algo más de gas. Pero esta cantidad aumenta sobre todo si aumentamos la presión. Cuanta más presión apliquemos, más gas podremos disolver dentro de un líquido.

Esto lo saben muy bien los fabricantes de cava, que hacen que el preciado líquido contenga unas cantidades muy importantes de gas. Pero para mantenerlo dentro del líquido se requieren unas botellas de paredes bastante gruesas y tapadas con unos tapones que aguanten la presión del interior sin estallar.

Ahora bien, en el momento en el que sacamos el tapón, el exceso de presión desaparece y todo el exceso de gas que había dentro del líquido sale en forma de burbujas. En un primer momento esto pasa muy deprisa y forma la espuma que tanta gracia nos hace al abrir el cava. Después sale más pausadamente y forma aquellas columnas de burbujitas tan características. Y poco a poco irá acabando de salir hasta regresar al estado de equilibrio, cuando el líquido ya no contenga ningún excedente de gas para soltar en forma de burbujas.

La clave de todo es la presión. Cuando esta desaparece, el proceso de pérdida de gas no se puede detener. Y, por supuesto, poner una cucharilla colgando del cuello de la botella no tiene ningún efecto sobre la presión.

Todo este razonamiento está muy bien, pero ¿sería posible que existiera algún otro mecanismo inducido por la cucharilla o por una pieza de metal similar que mantuviera el gas dentro del líquido?

Pues podría ser, pero el caso es que no es. Lo sabemos bien porque hay quien lo ha medido. Determinaron cómo variaba la cantidad de gas retenido en una botella abierta con o sin la cucharilla. Y, tal y como se podía esperar, no encontraron ninguna diferencia. El cava se desbrava igual.

En realidad, basta con catarlo para darse cuenta. Todo el mundo lo nota, porque, una vez desbravado, su sabor no tiene nada que ver con el del cava original. Pero lo que realmente demostró el experimento es que no es que aquella vez que lo hicisteis no funcionara por algún motivo misterioso. Es que no funciona nunca.

90 / 100

ES MEJOR NO APAGAR LOS FLUORESCENTES, PORQUE CONSUMEN MÁS ENERGÍA EN EL MOMENTO DE ENCENDERLOS

Esta es una de aquellas afirmaciones de la que circulan diferentes versiones, según donde busques. Hay revistas que aconsejan que, si hemos de salir de una habitación durante unos veinte minutos, resulta más económico dejar el fluorescente encendido en vez de apagarlo y volverlo a encender. En otros lugares el periodo de tiempo a partir del cual resulta mejor dejar encendido el fluorescente se reduce a cinco minutos. Y otros lugares simplemente no especifican ningún tiempo.

El caso es que, efectivamente, un tubo fluorescente gasta mucha más energía en el momento de encenderse que cuando ya está iluminando. En el momento de encenderse puede llegar a consumir hasta cinco veces más energía que durante el resto del tiempo. Una diferencia que no se observa en las bombillas corrientes. Estas consumen más energía mientras están encendidas, pero no hay este pico de consumo en el momento de encenderlas.

De manera que parecería que efectivamente resulta práctico evitar los aumentos de consumo energético asociados al momento de encender el fluorescente, y que si hemos de salir de la habitación durante un rato tal vez ahorraremos energía evitando apagar y volver a encender el tubo.

Puede parecerlo, pero el caso es que no es así.

La clave del problema se esconde en el tiempo que tarda en encenderse un fluorescente. Decimos que en este momento gasta unas cinco veces más que en funcionamiento "normal", pero este aumento de consumo, este momento, ¿cuánto tiempo dura?

Pues para saberlo he ido a encender el fluorescente de la cocina y he visto que en dos o tres segundos ya está encendido. De manera que durante tres segundos gasta cinco veces más que el resto del tiempo. Esto quiere decir que el encendido del fluorescente equivale a unos quince segundos de funcionamiento normal.

Por lo tanto, razonar que es mejor dejarlo encendido únicamente tendrá sentido si tengo que salir (y apagarlo) y volver a entrar (y volverlo a encender) ¡en menos de quince segundos!

Otras veces se dice que el problema no es el consumo de energía, sino el desgaste del fluorescente. Cuanto más lo encendamos y apaguemos, la vida de los componentes del fluorescente irá disminuyendo. Los fabricantes de fluorescentes ofrecen fórmulas y gráficos que muestran cómo varía la vida del fluorescente según el número de veces que se enciende.

De nuevo, es cierto que el fluorescente tendrá una vida más larga si lo encendemos y lo apagamos menos veces. Pero, de nuevo también, la diferencia en la práctica es lo bastante pequeña como para que resulte mejor apagar la luz si tenemos que marcharnos más de unos pocos minutos.

Todo ello es un caso típico de razonamiento hecho por alguien a partir de datos correctos, pero que a la hora de pasarlos a la vida real no se tomó la molestia de hacer los cálculos para ver si tenían aplicación o si resultaban simplemente anecdóticos. Ciertamente, podemos decir que no es un mito y que en determinadas condiciones resulta más económico dejar el fluorescente encendido. Pero estas condiciones simplemente no tienen aplicación en la práctica. En realidad, si hacemos caso del mito, gastaremos más energía, en lugar de ahorrar, cada vez que dejamos un fluorescente encendido durante veinte minutos pensando que así consume menos que apagándolo y volviéndolo a encender.

91 / 100

ES PELIGROSO TENER PLANTAS POR LA NOCHE EN LA HABITACIÓN, PORQUE CONSUMEN OXÍGENO

De nuevo nos encontramos con un mito que se basa en un dato correcto, pero de magnitud irrelevante, y que lo ampliamos hasta hacer pensar que puede haber un problema allí donde no hay ninguno.

Cuando en la escuela nos enseñan la fotosíntesis, nos explican que las plantas toman CO_2 del aire y con la energía que captan de la luz pueden fabricar materia orgánica y generar oxígeno, un oxígeno que los animales usamos para respirar. Pero siempre se recuerda que este mecanismo únicamente tiene lugar durante el día, cuando hay luz del Sol. De noche las plantas actúan como los animales, consumen oxígeno y generan CO_2.

Por lo tanto, alguien pensó que si tenía una planta en la habitación durante el día, iría muy bien porque le generaría un oxígeno muy necesario. En cambio, durante la noche, aquella planta le tomaría el oxígeno y generaría un gas como el CO_2 que puede ser tóxico si se acumula. De manera que la conclusión evidente es que es preferible no tener plantas en la habitación durante la noche.

Pero este razonamiento, además de erróneo, es un poco absurdo. Los humanos dedicamos mucho tiempo y esfuerzos a conseguir tener alguien con quién pasar la noche. Y si puede ser de una manera que implique mucha actividad, todavía mejor. Según este razonamiento, también tendría que ser peligroso dormir con alguien, puesto que también nos toma el oxígeno y genera CO_2. Y puestos a comparar, lo hace en unas cantidades mucho más importantes que una planta.

El problema del mito de las plantas en las habitaciones durante la noche es que se fundamenta en varios hechos que no son reales. Para empezar, las habitaciones donde vivimos no son, ni mucho menos, completamente estancas. A veces pueden estar poco aireadas, pero no lo bastante como para que se produzca falta de oxígeno. Incluso cuando duermen muchas personas en una misma habitación, el ambiente se vuelve inhabitable por el calor mucho antes que por falta de oxígeno. Hay quien dice que le falta aire, pero en realidad lo que está experimentando es el efecto de un aire demasiado calentado.

Y el segundo error es no tener en consideración la cantidad de oxígeno que consume una planta, comparado con nosotros. Aunque parezca curioso, el metabolismo de las plantas es más complejo que el de los animales. Muchas situaciones que los animales solucionan con un determinado comportamiento (como por ejemplo marcharse a buscar un lugar fresco), las plantas lo tienen que resolver con adaptaciones metabólicas que les permitan sobrevivir haga frío o calor, llueva o nieve.

Pero que el metabolismo sea más complejo no quiere decir que sea más intenso. Nosotros consumimos mucho más oxígeno que un montón de plantas. El hecho de tener que mantener una temperatura constante, que usemos musculatura para movernos o que tengamos un sistema nervioso que consume una barbaridad de energía hace que el consumo de oxígeno de un animal sea superior con creces al de una planta, que se toma la vida con mucha más tranquilidad.

Hay todavía un detalle erróneo que no cambia las cosas, pero que va bien recordar. Las plantas durante el día ¡también consumen oxígeno! Ciertamente, mientras hay luz generan oxígeno gracias a la fotosíntesis, pero esto no quiere decir que las células vegetales no consuman oxígeno siempre, día y noche.

92 / 100

EN NUEVA YORK, HAY COCODRILOS ALBINOS QUE VIVEN EN LAS CLOACAS

Este es uno de los clásicos más clásicos entre las leyendas urbanas, que ya circulaba incluso antes de Internet. Se dice que hubo personas que compraron cocodrilos, exactamente aligatores o caimanes de Florida, como animales de compañía. Cuando se dieron cuenta de que aquellos bichos no eran domesticables y que tenían tendencia a crecer mucho, se deshicieron de ellos mediante el expeditivo sistema de hacerlos desaparecer por el váter. La mayoría murieron, pero algunos consiguieron sobrevivir y proliferar. Poco a poco se establecieron colonias de estos reptiles que se alimentaban de desechos, ratas e incluso de algún vagabundo o algún trabajador de las cloacas de la ciudad.

Con el tiempo se han adaptado al ambiente que les rodea, se han vuelto albinos, puesto que viven en perpetua oscuridad, y representan una seria amenaza que surge de vez en cuando en las noticias.

Naturalmente, con Internet este mito se ha repetido todavía mucho más y se ha diversificado en centenares de leyendas ligeramente diferentes. A veces dicen que los cocodrilos son ciegos, otros que son albinos, hay quien dice que son unos pocos, mientras que otros afirman que hay varias colonias estables. Y, naturalmente, son el terror de las personas que tienen que adentrarse en las entrañas subterráneas de Nueva York.

Incluso han aparecido en algunas películas.

Todo ello, sin embargo, demuestra un conocimiento muy pobre de la manera de vivir de los caimanes y de su biología en general.

Para empezar, hay que recordar un dato importante. Los caimanes no viven en Florida porque sí. Lo que pasa es que no pueden vivir más al norte porque, como son reptiles, son animales de "sangre fría". Necesitan una temperatura ambiente relativamente elevada para poder mantener su cuerpo activo. Nosotros quemamos calorías para mantener la temperatura cercana a los 37 grados, pero los caimanes no pueden hacerlo y tienen que ponérse al sol hasta que los calienta lo suficiente para funcionar.

Calor y sol hay en abundancia en Florida, pero en las cloacas de Nueva York son bienes más bien escasos. Y al llegar el invierno y las nevadas de aquella zona, las condiciones serían imposibles para estos animales. Un caimán dejado en las cloacas de Nueva York no se alimentaría de ratas. Más bien se quedaría en un rincón, en estado letárgico, hasta que las ratas se lo comieran a él.

Por otro lado, aquellos que crean que estos animales se alimentan de los desechos que hay en las cloacas subestiman considerablemente la toxicidad de los productos que se pueden llegar a verter por las cañerías. Ciertamente, algunos animales, como las ratas, pueden sobrevivir. Pero hace miles de años que las ratas conviven con los humanos, y en particular con toda la porquería que soltamos. E incluso ellas no pueden sobrevivir en todas partes de las cloacas. Un cocodrilito, acostumbrado a las aguas limpias del acuario donde creció hasta el día en que sus propietarios se decidieron a librase de el, no tardaría nada en morir por alguna intoxicación, que se sumaría a las infecciones que sin duda contraería.

Y, finalmente, para tener una colonia de cocodrilos se requeriría que hubieran sobrevivido unos cuantos, machos y hembras, para que empezaran a reproducirse. Tal vez el deporte preferido de los habitantes de Nueva York durante un tiempo fue tirar cocodrilos por el váter. Dicen que los americanos son un poco excéntricos, pero incluso para ellos todo esto parece más bien poco probable.

En todo caso, al ser una de las leyendas urbanas más antiguas, resulta particularmente entrañable. Seguro que si, en lugar de cocodrilos, hubieran hablado de peces de colores, habría tenido mucha menos fuerza.

93 / 100

UNA MONEDA QUE CAIGA DE UN EDIFICIO LO BASTANTE ALTO PUEDE MATAR A UNA PERSONA

Una bala disparada por un fusil pesa más bien poco. Si alguien nos la tira a la cara quizás nos podrá hacer un poco de daño, pero poco más. En cambio, si nos la disparan, nos matará sin problemas. La diferencia se encuentra en la velocidad del proyectil. Si se mueve lentamente no tendrá la energía necesaria para romper los tejidos de nuestro cuerpo, pero si la velocidad es lo bastante grande, la energía será suficiente para atravesarnos (y matarnos). También podrá atravesar una madera, o incluso incrustarse en un bloque de cemento.

Por lo tanto, podemos pensar que si una moneda cae desde un edificio lo bastante alto, a medida que se acelere por la gravedad irá adquiriendo más y más energía hasta que al final, esta puede ser suficientemente elevada para matar a alguien si por mala suerte le cae en la cabeza, ¿no?

Pues no.

Aunque aparentemente en este razonamiento lo hemos tenido todo en cuenta, en la vida real hay más factores que participan en el proceso. La moneda iría acelerando y adquiriendo cada vez más velocidad tan solo si cayera en un planeta sin atmósfera. Pero la Tierra sí tiene atmósfera y esto debe tenerse en cuenta ya que el rozamiento de la moneda con el aire frenará la caída.

El frenado por el aire no es una cuestión menor a la hora de calcular la velocidad de la moneda. Existe una cosa llamada *velocidad terminal*, que es la velocidad máxima que puede alcanzar un objeto que caiga a través de una determinada atmósfera. Esto dependerá de la densidad del aire y del peso del objeto. Y el caso es que una moneda de un par de gramos puede caer, como mucho, a unos diez o doce metros por segundo.

Lo importante es que no importa la distancia desde la que caiga. Inicialmente empezará a acelerar hasta alcanzar su velocidad terminal, y a partir de aquel momento ya no caerá más rápidamente sin que importe el tiempo durante el cual esté cayendo.

A diez metros por segundo, una moneda nos puede hacer daño, pero no es previsible que pueda matar a un adulto.

El mismo razonamiento se aplica si se dispara una bala al aire: se irá frenando hasta que empiece a caer de nuevo. Pero la velocidad con la que llegue al suelo no será la misma que tenía cuando la hemos disparado. De nuevo, la velocidad terminal impondrá su límite. Aunque una bala pesa más, y yo ya no me pondría debajo.

A veces se producen muertes causadas por balas disparadas al aire. Y siempre es difícil aclarar si realmente se habían disparado al aire. De todos modos, y si asumimos que el disparo sí se hizo sin mala intención, el razonamiento de la velocidad terminal se aplica únicamente al movimiento vertical. En ocasiones se habla de disparos al aire, pero que en realidad son con un ángulo más o menos inclinado. Entonces las balas pueden mantener suficiente energía en el movimiento horizontal como para matar a alguien.

De todos modos, lo mejor es no tirar monedas, ni nada, desde ningún edificio. También estaría bien que se abandonara esta costumbre que hay en algunos lugares de disparar al aire para celebrar algo. Si se trata de hacer ruido y sentirse muy valientes, ¿qué tienen de malo las balas de fogueo?

94 / 100

ES POSIBLE COCER UN HUEVO
CON UN PAR DE TELÉFONOS MÓVILES

La seguridad con respecto a los teléfonos móviles ha sido motivo de mucha discusión. La transmisión inalámbrica hace que el teléfono emita radiaciones que potencialmente podrían ser peligrosas. O al menos esta es una idea bastante generalizada. Además, cuando usamos el teléfono, lo tenemos colocado justo al lado de la cabeza y a nadie le hace gracia irradiarse el cerebro. El problema es que el miedo es libre y se contagia con mucha facilidad. Al final nos llega un montón de información inquietante que no está claro que tenga mucho sentido.

Por esto, cuando apareció en Internet una página en la que se afirmaba que se podía cocer un huevo simplemente situándolo durante una hora entre dos teléfonos móviles que estaban conectados, pareció que se confirmaban los miedos de los más aprensivos. Aquello parecía demostrar que las radiaciones emitidas por los móviles efectivamente podían alterar la estructura de las proteínas. Al fin y al cabo, los móviles usan unas radiaciones que están a medio camino entre las ondas de radio, que son inofensivas, y las microondas, que ya no lo son tanto como sabe cualquiera que haya cocinado con un horno de microondas.

Pero si miramos atentamente las indicaciones, notaremos que, aunque estén entre las unas y las otras, las frecuencias que usan los teléfonos móviles son de entre 900 y 1.900 megaherzios (MHz). Unas frecuencias que están lejos de las de los microondas, que trabajan a 2.500 MHz. Además, si miramos la potencia a la que trabajan, veremos que los móviles usan muchísima menos potencia y que, además, esta se emite en todas direcciones, justo al contrario que la de los microondas.

Finalmente, todo el mundo conoce gente que se puede pasar horas y horas hablando por el móvil sin acabar fritos, de manera que algo un poco extraño parece suceder con la historia de los móviles y el huevo cocido.

Y efectivamente pasa algo. Una entrevista al autor de la página web destapó que todo había sido simplemente una broma. Que se lo había inventado para divertirse con los miedos exagerados y las barbaridades que oía decir sobre los peligros de los móviles. Incluso había errores importantes en las fórmulas que proponía para calcular el tiempo necesario para cocinar el huevo, como por ejemplo afirmar que el tiempo dependía del cuadrado de la potencia del teléfono, cuando en realidad tendría que depender del cuadrado de la distancia a la que esté.

El autor, Charlie Ivermee, asegura que se quedó muy sorprendido de la credulidad de la gente. Desde su punto de vista, era evidente que lo que escribió no tenía ningún sentido. Pero cuando superó las dieciocho mil visitas por semana se dio cuenta de que la broma se le había ido de las manos. También empezó a recibir correos, muchos de gente preocupada por lo que decía, unos pocos que le indicaban los errores que había en sus explicaciones y, finalmente, algunos que lo amenazaban por poner en peligro puestos de trabajo en la industria de la telefonía móvil.

¿Todo ello demuestra que los móviles son completamente seguros o inquietantemente inseguros? Pues, en realidad, solo nos indica lo crédulos que podemos llegar a ser y con qué facilidad damos por ciertas cosas sin ningún sentido crítico. Especialmente cuando nos dicen aquello que esperamos oír. De la seguridad del uso de los móviles se han hecho bastantes estudios que no han podido detectar peligrosidad apreciable. ¿Que siempre hay que ir haciendo más estudios? Por supuesto. Tal vez algún día se detectará algún efecto nocivo, o tal vez esto no suceda simplemente porque realmente son seguros. Al final tenemos que hacer como con todo: tomar unas medidas de precaución razonables, hacer todos los estudios que creamos necesarios y, si no detectan un peligro real, dejar de tener miedo.

En todo caso, si queréis cocinar un huevo usando el teléfono móvil, será mejor que os lo quitéis de la cabeza. No lo lograréis. Aunque, por probarlo, que no quede.

95 / 100

EN UN AVIÓN, EL CAMBIO DE PRESIÓN PUEDE HACER EXPLOTAR LOS IMPLANTES DE SILICONA DE LOS PECHOS

A veces es una azafata de vuelo, otras veces es una desconocida, pero preferentemente es una actriz famosa. Curiosamente, diferentes países tienen su mito con su particular actriz, pero el resto de la leyenda es el mismo. En un vuelo, la caída de presión de la cabina hace que los pechos de silicona que alguna señora lleva implantados se hinchen hasta llegar a explotar.

El razonamiento, poco riguroso, es que a medida que disminuye la presión el volumen de un globo aumenta. Y quizás muchos se imaginan los implantes de silicona como si fueran globos o esponjas llenas de burbujas de aire, porque si no, no habría manera de que se hincharan. Y también se deben de creer que la presión en los aviones baja de una manera descomunal, o que directamente no están presurizados.

En realidad, esta idea del pecho que explota, además de ser particularmente desagradable de imaginar, es totalmente imposible. La silicona que se usa en los implantes no se hincha como si fuera un suflé cuando la presión baja. En un avión, la presión disminuye un poco a medida que gana altura. Esto se puede notar en las botellas de agua que son de plástico y se hinchan ligeramente. Si lleváis una bolsa de cacahuetes o de patatas fritas, también podréis notar que ha ganado algo de volumen. Pero poca cosa más. Un cambio de presión capaz de hacer estallar un implante mamario también haría que todas las botellas, todas las bolsas, todo lo que estuviera bien cerrado dentro del avión, saltara por los aires. Y un cambio de presión selectiva que afecte únicamente a los pechos de la famosa de turno puede tener gracia como chiste, pero no sucede en la vida real.

Además, el cambio de presión que se experimenta dentro de los aviones es realmente pequeño. Nos puede parecer molesto cuando los oídos empiezan a dolernos y nos tenemos que esforzar en tragar saliva para destaparlos, pero el problema no es que sea un cambio muy grande de presión, sino que es muy rápido. En la práctica, la presión dentro del avión es parecida a la que tendríamos en la cima de una montaña del Pirineo. Y, si el mito fuera cierto, las chicas que lleven implantes en los pechos tendrían que tener cuidado también a la hora de subir montañas o de ir a esquiar.

El origen del mito parece que tuvo lugar en Estados Unidos hacia los años sesenta. Al principio no eran los implantes mamarios, sino un modelo de sujetadores que se podía hinchar para aumentar la talla de los pechos. O, más exactamente, la imagen que daba la señora. Según el día o la ocasión, podían lucir más o menos delanteras gracias a un sistema regulado por una válvula. Y se empezó a decir que estos sujetadores hinchables podían estallar si el avión experimentaba una caída en la presión del interior.

En este caso sí hablamos de una bolsa con un gas en el interior que se puede expandir con facilidad. Y probablemente lo que podía estallar no era todo el sujetador, sino simplemente alguna válvula defectuosa. La verdad es que lo ignoro, pero esto ya parece menos barbaridad que la de los implantes de silicona. Aunque ya se sabe: una buena historia empieza a circular de boca en boca, cada vez se modifica ligeramente, se le añade un poco de dramatismo para hacerla más espectacular, y al final lo que era una válvula estropeada en un sujetador termina por convertirse en una explosión en el implante del pecho de Ana Obregón.

96 / 100

TIRAR AZÚCAR EN EL DEPÓSITO DE GASOLINA HACE QUE EL MOTOR DEL COCHE SE ESTROPEE

Esto de añadir azúcar al depósito de gasolina para dañar un motor es una estrategia que ha aparecido en algunas películas. Pero cuando intentas averiguar el motivo, la manera como el azúcar afecta el motor, no hay manera de aclararse. El problema no es la falta de explicaciones, sino un exceso de ellas. Hay quien dice que el azúcar altera la manera como quema la gasolina y que esto daña el motor. Otros dicen que no, que el azúcar se funde con el calor y crea una capa caramelizada que daña los pistones. También se dice que lo que pasa es que, mientras el motor funciona, no se nota nada, pero al parar y enfriarse, el azúcar fundido se solidifica y actúa como si fuera un cemento que une las diferentes partes del motor.

Muchas explicaciones, pero nadie que lo haya intentado en realidad. Aunque, naturalmente, todo el mundo conoce un mecánico que tiene un amigo que tiene un pariente a quien le pasó…

De todos modos, y aunque lo mejor es no meter nunca cosas extrañas en el depósito de gasolina, la mayoría de las explicaciones no parecen tener mucho sentido. Para empezar, el azúcar se disuelve muy poco en la gasolina. Hay quien dice que nada, pero un poquito sí. Pero este poco es tan poco que la mayor parte del azúcar caerá en el fondo del depósito y se quedará allá abajo, como si fuera arena. De manera que pocos cambios le causará el azúcar a las propiedades de la gasolina.

El azúcar que queda en forma de granos al fondo del depósito tal vez podría hacer algún daño, ya que cuando el coche empiece a moverse quedará en suspensión en la gasolina y podría entrar dentro del sistema. No lo hará disuelto, pero los granitos sí pueden ir entrando. Pero para esto está el filtro de la gasolina. No es específicamente para proteger el motor del azúcar que puedan poner enemigos que nos odien, sino para prevenir el paso de cualquier resto sólido que pueda caer ahí así como de cualquier impureza que contenga la gasolina. Cualquier cosa más grande de una décima de milímetro quedará retenida, de manera que las probabilidades que tendría el azúcar de penetrar en las interioridades del motor se reducen mucho.

Por supuesto siempre podemos poner tanto azúcar que acabe taponando el filtro de gasolina. Pero esto se puede solucionar simplemente cambiando el filtro.

En todo caso, parece evidente que no es una buena idea poner nada en el depósito de tu propio coche. Por otra parte, si estás sediento de venganza y quieres estropear el coche de algún enemigo visceral, hay maneras mejores que echando azúcar al depósito. Aunque siempre puedes dejar el bote de azúcar junto al coche, el depósito abierto, y unos restos de azúcar alrededor. Seguramente al coche no le pasará nada, pero el susto no se lo quitará nadie. Esto, claro está, siempre que ignore que todo ello es un mito.

Pensándolo bien, es mucho más inteligente solucionar las cosas de otro modo y dejar el azúcar para el café.

97 / 100

LOS AMERICANOS NUNCA LLEGARON A LA LUNA

Esta es la teoría de la conspiración por excelencia. Hay quien cree que todo aquello de las misiones Apolo fue el engaño más grande a nivel planetario que ha habido nunca. Un engaño que incluye miles de personas que trabajaban en la NASA, todos los científicos que en todo el planeta iban participando en el seguimiento de las naves, y la propia Unión Soviética, que, por algún motivo indeterminado, no se quejó a la mínima sospecha de fraude.

Según los entrañables conspiranoicos, las imágenes que hemos visto son falsas y no se obtuvieron en la Luna, sino en decorados situados en lugares sin especificar, preferentemente en algún desierto de Estados Unidos. Argumentan que la tecnología de aquel tiempo no permitía el viaje a la Luna y preguntan con sarcasmo por qué motivo no se ha vuelto nunca más. Esto, hoy en día, se puede entender un poco, puesto que los jóvenes no vivieron el ambiente frenético que se vivía durante la Guerra Fría entre los americanos y los soviéticos. La carrera entre las dos superpotencias justificaba los gastos fabulosos que dedicaron al espacio. Una justificación que actualmente ya no se da, ni mucho menos.

Después está el tema de las imágenes. La más habitual es la bandera que ondea y que en la Luna no tendría que hacerlo puesto que no hay atmósfera ni, por lo tanto, viento. La explicación sencilla, que la bandera no se mueve sino que simplemente está arrugada, no se acepta tan fácilmente. Parece que es más creíble una conspiración mundial mantenida a lo largo de los años que el simple hecho de que una bandera esté arrugada.

También se indica que hay sombras misteriosas, de diferentes tamaños para los dos astronautas. Esto sugiere que cada uno estaba iluminado por un foco diferente. De nuevo, hay una explicación sencilla. Si el suelo no es completamente llano, las sombras siempre tienen diferentes tamaños. Además, dos focos no causarían sombras de diferentes tamaños, sino dos sombras en cada astronauta. Pero este es un detalle que no desanima a los que creen que todo es un engaño.

Se comenta que los movimientos de los astronautas no son normales, aunque raramente especifican cuáles serían considerados normales. Y, cuando lo hacen, de nuevo dan explicaciones erróneas. Se preguntan dónde estaba el combustible para salir de la Luna dentro de una nave tan pequeña como el LEM, sin tener en cuenta justamente que la nave era pequeña, que la gravedad en la Luna es seis veces menor que en la Tierra, y que solo hacía falta combustible para llegar hasta la otra nave, que esperaba con el tercer astronauta (y mucho más combustible) orbitando la Luna.

La verdad es que es un ejercicio divertido encontrar los errores en los argumentos de los conspiranoicos. Muchas veces demuestran una olímpica ignorancia de las leyes elementales de la física, pero esto no les desanima. Al final siempre se pueden plantar con un "pues no me lo creo y punto" difícil de rebatir.

Y finalmente hay otros detalles que no tienen en consideración. Ya se han obtenido imágenes de los lugares de alunizaje, una demostración difícil de pasar por alto. También hay unos espejos que dejaron depositados en la superficie de la Luna y que sirven para medir por medio de impulsos de luz láser, cómo varía la distancia entre la Tierra y la Luna. Hoy en día todavía se usan, pero quizás esto también sea parte de la conspiración.

El problema es cuando chocan los que creen que no fueron a la Luna con los que creen que sí y encontraron extraterrestres allí arriba. Otra conspiración interesante que, por desgracia, es incompatible con la primera.

Y es que si te gustan las conspiraciones, al final has de elegir a qué teoría inverosímil te quieres apuntar.

98 / 100

LOS OVNIS SON NAVES EXTRATERRESTRES QUE VISITAN LA TIERRA

Un día vas andando por el campo, ves una luz en el cielo que no puedes identificar y, sin más, llegas a la conclusión de que hay una invasión extraterrestre inminente. Cuando alguien te dice que probablemente haya otras explicaciones respondes: "¿puedes demostrar que lo que digo no es cierto?" Puesto que resulta complicado demostrar que no hay miles de naves a punto de aterrizar en la Tierra provenientes de quién sabe qué planeta lejano, el amante de los ovnis puede marchar convencido de que su teoría es la correcta y de que no hay que perder el tiempo con otras opciones más sencillas, como fenómenos meteorológicos, aviones de pruebas o globos de todo tipo.

Todo ello no tiene mucho sentido, pero con mucha frecuencia es el tipo de razonamientos que aplican los amantes del fenómeno ovni. De todos modos, hay que reconocer que es mucho más estimulante la visita de los habitantes de otro planeta que la visión de un globo meteorológico. Y parece que para mucha gente, cuando se trata de establecer si una cosa es cierta o no, lo más importante es el grado de excitación que nos genere.

Lo más divertido de los ovnis es la gran cantidad de modelos que existen. Los hay alargados, redondos, de formas geométricas, otras más bien deformes… Algunos viajan solos, otros van en grupos, unos son más bien pequeñitos, mientras que otros tienen dimensiones gigantescas… Y lo mismo sucede con los presuntos extraterrestres. Sin embargo, en este caso, aunque les cambie el color y la textura de la piel o el tamaño de los ojos, suelen tener una forma sorprendentemente humana. Eso sí, normalmente tienen la cabeza muy grande. Como han de ser muy inteligentes, lo mínimo que podemos pedir es que tengan la cabeza grande.

Hay que reconocer que ya es casualidad que millones de años de evolución, en un planeta diferente y seguramente con unas condiciones diferentes, hayan dado como resultado unas criaturas tan parecidas a nosotros. Es más, en realidad suelen ser descritos exactamente como nos imaginamos que sería un humano muy evolucionado e inteligente.

Y aún resulta más extraño la costumbre que tienen de hacer un viaje tan fenomenalmente largo para limitarse a hacer unas cuantas señales a unos campesinos de Alabama o a unos pastores de Turquía y a continuación largarse sin más. Hay quien asegura que lo han secuestrado y que le han sometido a unos cuantos experimentos, normalmente con un cierto contenido sexual. De nuevo, el comportamiento de los alienígenas parece muy curioso. ¿Nosotros montaríamos una expedición a un planeta lejano para comportarnos de este modo?

Finalmente, es interesante que las apariciones de ovnis van por oleadas. Hay épocas en que no se ven muchos, mientras que en otros periodos parece que la Tierra se ha convertido en un nudo de autopistas galácticas. Podría ser que los extraterrestres tuvieran unos periodos preferentes para hacer el viaje, pero el hecho de que las oleadas de ovnis coincidan a menudo con el estreno de películas relacionadas con el tema parece más que una simple casualidad.

Naturalmente, existe la posibilidad de que todo sea parte de una conspiración de los gobiernos de todo el planeta con razas alienígenas que nos visitan y nos observan por motivos que no acaban de ser claros. Pero, como siempre, las conspiraciones que incluyen a tanto personal resultan muy poco probables. Guardar un secreto conocido por más de tres personas ya es difícil, no digamos cómo ha de ser de complicado un engaño de esta magnitud.

Todo ello sugiere que, más que ser objeto de visitantes extraterrestres, lo que los humanos tenemos es un sentido de autocomplacencia y egocentrismo fabuloso. Si miramos al cielo una noche estrellada, veremos millones de estrellas a simple vista. Y esto es una parte mínima de las que realmente hay allá fuera. Pensar que en esta enormidad nosotros somos tan importantes para merecer tantas visitas es un comportamiento de un infantilismo irritante. Somos como niños que queremos llamar la atención de papá. Simplemente sustituimos la figura del padre por unos adultos provenientes de otro planeta que son más sabios, más fuertes y que harán la justicia que nos merecemos, aunque quizás no acabemos de entender su comportamiento.

Justamente lo que opina un niño de sus padres.

99 / 100

EL VIRUS DEL SIDA SE FABRICÓ
EN UN LABORATORIO

Los humanos tenemos una curiosa tendencia a olvidar nuestra propia vulnerabilidad. A lo largo de la historia, las enfermedades han formado parte de la propia existencia y se aceptaban sin demasiados aspavientos. Dábamos por hecho que habíamos ofendido a los dioses de alguna manera e intentábamos detener las epidemias a base de sacrificios, procesiones, plegarias y rituales de todo tipo. Otras veces se culpaba a grupos sociales o culturales minoritarios. En la Europa cristiana los judíos acostumbraban a ser el objeto de la furia de las multitudes asustadas por la peste, el cólera o la viruela. Todo ello no servía de nada ya que la causa eran unos microorganismos desconocidos en aquellos tiempos, pero al menos la gente tenía la sensación de hacer algo y, sobre todo, de encontrar un sentido en todo ello. Un motivo que justificara aquel mal.

Después llegaron los antibióticos, la medicina moderna y los nuevos conocimientos que nos permitieron luchar con mucha más eficacia contra las enfermedades. Tuvimos tanto éxito que casi nos olvidamos de la amenaza que representaban. Pero a su vez también empezamos a mostrar comportamientos que abrían el paso a nuevas enfermedades. Los humanos nos adentramos por rincones del planeta que permanecían vírgenes, los medios de transporte nos permitían ir y venir en pocas horas de un extremo a otro del mundo. Y con nosotros llevábamos inadvertidamente todos los microbios que habíamos recogido.

Un día salió a la luz una nueva enfermedad que presentaba todas las características de las antiguas plagas bíblicas. Un mal que nos dejaba sin defensas, que se transmitía preferentemente por vía sexual y que afectaba sobre todo a colectivos homosexuales. Mientras los científicos empezaban la carrera contrarreloj para identificar el agente que lo causaba, surgieron por doquier grupos que clamaban las viejas consignas medievales. Se habló de un castigo divino por la decadencia de las costumbres, se culpabilizó a determinados colectivos y se hicieron plegarias.

De nuevo todo esto no sirvió de nada ya que el causante era un virus que, finalmente, se pudo identificar. Un virus que mata a unos linfocitos clave en el sistema inmunitario. Al caer estos linfocitos, el cuerpo se queda sin defensas frente a otros microorganismos que hacen el resto. Una vez identificado se pudieron desarrollar diferentes tratamientos y la enfermedad se pudo empezar no a derrotar, pero sí a contener.

Pero como el deseo de los humanos de buscar un porqué a todo es innato, enseguida se intentó encontrar una explicación. La furia de los dioses ya no nos servía como justificación pero la simple transmisión de un virus de los simios a los humanos parecía algo demasiado intrascendente para un drama como el que estábamos sufriendo, de manera que se buscó un nuevo culpable.

En esta ocasión el culpable escogido fue la soberbia de unos científicos que presuntamente realizaban oscuros experimentos en lugares misteriosos y con ocultas intenciones. Algunos decían que era intencionado, para acabar con los homosexuales. Otros se apuntaban a decir que fue un accidente y que un virus de diseño se escapó del laboratorio.

¿Los motivos para pensar esto? Pues ninguno muy sólido. Seguramente el principal era el miedo a lo desconocido.

Ahora ya sabemos que el sida lo causa un virus llamado VIH (virus de la inmunodeficiencia humana), pero ya hemos identificado un virus parecido que infecta a los simios y que llamamos VIS. También se ha descubierto que la enfermedad ya había aparecido en anteriores ocasiones entre humanos. Entonces se había diagnosticado como simples síndromes de inmunodeficiencia por causas desconocidas. No había causado más que infecciones limitadas a grupos reducidos y había permanecido en el anonimato. Seguramente fue alguna mutación la que le dio más virulencia y generó la epidemia que aún hoy sufrimos.

Pero estas explicaciones no tenían suficiente dramatismo para los amantes de las conspiraciones. Antes los causantes eran los dioses, ahora son los científicos o los militares. Da igual. Lo importante es poder echar la culpa a alguien. Y el hecho de disponer de explicaciones razonables no los desanimará.

100 / 100

EN EL PLANETA MARTE HAY UNA ESTRUCTURA EN FORMA DE CARA HUMANA

Todo empezó con unas fotografías de la superficie de Marte que envió la sonda *Viking 1*. En una región llamada Cidonia aparecía una estructura que recordaba claramente a una cara humana. En la NASA se dieron cuenta y la publicaron un comunicado donde decían que "[...] la fotografía muestra accidentes geológicos en forma de colinas, un poco erosionadas. El descomunal saliente de roca del centro, que recuerda una cara humana, está formado por sombras que parecen ojos, nariz y boca. Esta formación tiene 1,5 kilómetros de ancho y los rayos del sol inciden en un ángulo de unos veinte grados [...]".

Aquella estructura ciertamente parecía una cara. Y por lo visto, a los de la NASA les hizo gracia. Pero enseguida empezaron las especulaciones más extravagantes. La imaginación se disparó, ¡y de qué manera!

Se empezó a especular si aquello eran los restos de una antigua civilización de marcianos que, además, tenían aspecto humano. Que tal vez era un mensaje que los marcianos dejaban a los humanos. Que había otras estructuras en forma de pirámides que formaban un complejo de función desconocida. Que desde la cara de Marte se controlaban las emisiones de radio de la Tierra. Que...

La cara de Marte apareció en libros, películas y juegos de ordenador. Y cualquier intento de desmentido era contestado con la excusa habitual de la conspiración de los gobiernos para ocultar la presencia de inteligencia extraterrestre. Aquella cara era la evidencia de que los humanos no estamos solos.

Pero el caso es que la foto tampoco era ninguna maravilla de la técnica. Realmente aquello daba la sensación de ser una cara, pero también podemos ver formas conocidas en las nubes, en los troncos de los árboles o en el perfil de las montañas. Vemos formas que nos recuerdan caras en los despertadores, los coches o las puertas. Incluso hay un nombre, *pareidolia*, para esta capacidad que tenemos de ver imágenes familiares donde en realidad no hay nada más que formas al azar.

Esto es porque nuestro cerebro ha evolucionado de manera que un círculo con dos líneas en el centro y una línea situada algo más abajo, ya lo interpreta como un rostro. Los emoticonos que se usan en los ordenadores son un buen ejemplo.

Por lo tanto, lo más probable era que aquella estructura de la región marciana de Cidonia fuese simplemente una formación de piedras a las que las sombras daban un perfil que a los humanos nos despertaba el recuerdo de una cara.

Durante unos años, la discusión quedó en punto muerto, pero al final se mandaron otras sondas que fotografiaron la "cara" de Marte con mejor resolución y con la luz del Sol incidiendo desde otro ángulo. Como era previsible, con mejores imágenes la cara desapareció y fue sustituida por una simple formación rocosa sin más interés.

Al final aquella fotografía no sirvió para demostrar la existencia de antiguas civilizaciones humanoides en Marte, pero desde luego puso en evidencia la capacidad que tenemos los humanos de dejarnos llevar por la imaginación. Una cosa que, en principio, no es mala, siempre que no nos pasemos de rosca y acabemos engañándonos.

SP
500 C645

Closa, Daniel, 1961-
100 mitos de la ciencia /
Freed-Montrose NONFICTION
09/13

Friends of the
Houston Public Library